果树测土配方施肥技术理论与实践

赵永志 著

中国农业科学技术出版社

作者简介

赵永志，中共党员，推广研究员，北京市土肥工作站党支部书记、站长。曾任北京市农业局办公室副主任等职务。现兼任现代农业产业技术体系北京创新团队土肥水功能研究室主任、岗位专家，北京"12316农业服务热线"首席专家，中国（北京）土壤学会、农学会、植物营养学会、农业经济法研究会、农技推广协会等9个专业学会的理事或副理事长，《中国农技推广》、《中国当代创新人才》、《科技创新引领跨越发展》、《北京农业》等农业科技期刊编委，农业部耕地质量建设与管理专家指导组成员，《中国品牌农业产业联盟》专家顾问委员会副主任及《京郊日报》专家顾问等。2000年以来，主持部、市级重点科技项目30多项，获部、市级科技成果奖14项，其中一等奖5项，二等奖7项，实用发明专利4项，主持多项农业标准制定，在国家级重点刊物上发表论文40多篇、出版技术专著和培训教材9部，科技培训声像教材15部，多次被局级以上单位或部门授予先进工作者称号。2010年被评为北京市先进工作者、中国时代改革创新百佳先锋人物、科技成果管理与研究科技影响力人物、科学中国人年度人物。2011年被评为中国文化传播发展时代影响力人物、科技成果管理与研究科技影响力人物、中国金桥奖先进工作者。

苹　果

彩图1　缺磷的苹果叶片
　　特征为叶小，叶色呈现暗紫色和青铜色。

彩图2　苹果缺钾的症状
　　最初基部枝条的叶片失绿，随后发生坏死或叶缘呈烧焦状。果实小，着色差，味淡，不耐贮藏。

彩图3　缺钾与供钾苹果的比较
　　左为供钾充足的苹果，色泽鲜红，有光泽；右为缺钾的苹果，着色差，无光泽。

彩图4　缺钾与不缺钾的苹果果实的比较
　　左为缺钾的苹果，果小，着色不均，无光泽，果实品质下降；右为营养正常的苹果果实。

彩图5　缺钾的苹果枝条

　　基部和中部叶片的边缘失绿变黄，叶片皱缩，严重时呈褐色枯焦，枝条生长不良。

彩图6　缺钙的苹果果实

　　果实表现出现大小不一的褐色斑点，其内部果肉也有褐色斑点。品质下降，称为"苦痘症"，右为正常果实。

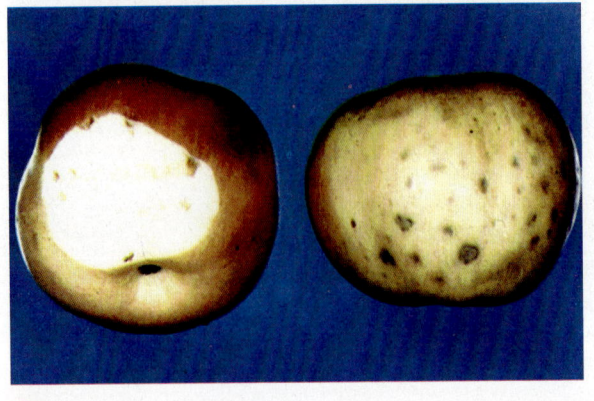

彩图7　缺钙的苹果果实

　　果皮出现大小不一的褐色斑点。纵切时可以看到黑色枯死部分侵入到果肉，使之木栓化。欧洲叫苦味果即苦痘病。

彩图 8 缺钙的苹果果实
　　果实表现出现大小不一的褐色斑点,品质下降,称为"苦痘病"。

彩图 9 缺镁的苹果叶片
　　图为不同程度的缺镁叶片。其特点为叶片褪绿,并有坏死斑块。

彩图 10 缺镁的苹果叶片
　　成熟叶片的叶脉间出现淡绿色斑点,并逐渐扩大到叶缘。

彩图 11　缺铁的苹果枝条
　　顶部叶片褪绿。早期叶脉呈网状。而后叶缘上出现褐斑。

彩图 12　缺铁的苹果叶片
　　此为重金属中毒引起的缺铁症。从新梢尖端开始发生，只有叶脉保持绿色，出现网眼状黄白色。

彩图 13　严重缺铁的苹果枝条
　　枝条上顶端的叶片严重黄化。

彩图 14　缺硼的苹果果实
　　右为苹果（红玉）着色前的正常果实，左为缺硼果病的果实，严重时果皮下木栓化部分变硬，果实裂开或脱落。

彩图 15　苹果缺硼的剖面
　　右为正常果实，左为缩果病果实。果肉中形成许多褐色死细胞群，继而转变为木栓质或海绵质。

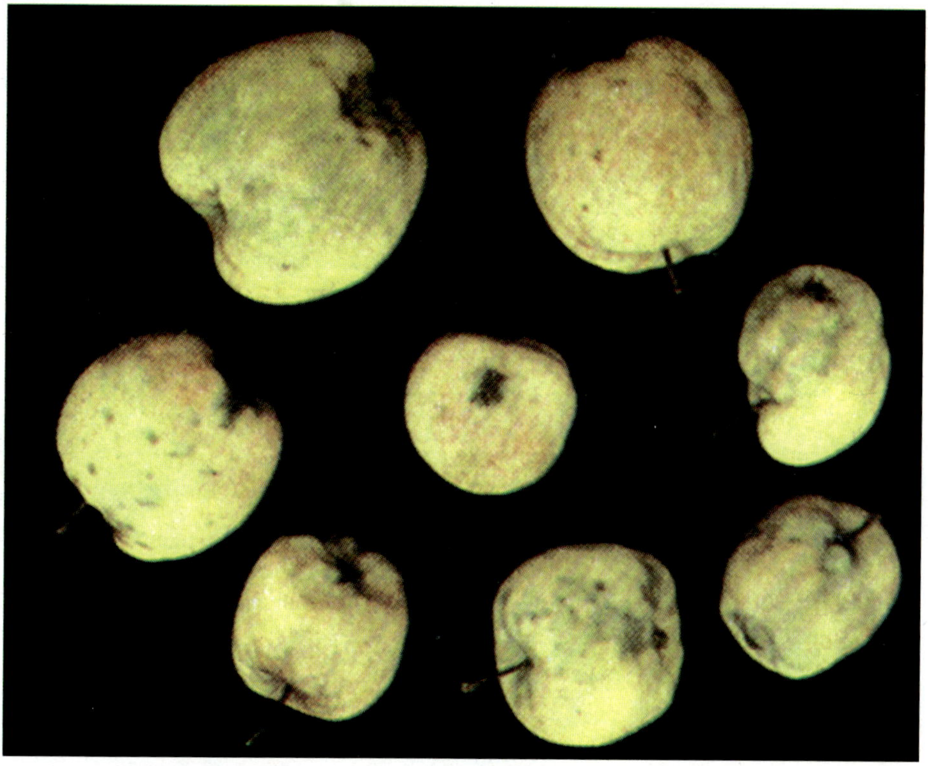

彩图 16　严重缺硼的苹果果实
　　其典型状为果实严重畸形。

彩图 17　缺锰的苹果叶片
　　叶片褪绿，从叶缘向中脉发展。

彩图 18　苹果锰中毒症状
　　因锰中毒引起的粗皮病。

彩图 19　缺锌的苹果新梢
　　左为健康正常的新梢；右为缺锌引起的"小叶病"新梢。

梨

彩图20 缺氮的梨叶
　　叶片呈高度黄色，红色和紫色。

彩图21 缺钾的梨叶
　　叶片呈暗褐色，叶缘似灼烧状。

彩图22 缺钙西洋梨果实
　　左为正常的果实，右为不同程度缺钙的果实。果脐逐渐变为黑色，即脐腐病。

彩图23 缺钙的梨子

果实外表有褐色斑点，注意切开后，内部也有褐色斑点，果实品质下降，这也是苦痘病的表现。

彩图24 缺镁的梨叶

其特征为叶片中部有坏死组织。

彩图25 缺铁的梨子

症状为叶片严重褪绿，并有褐色叶缘。果实呈土色，苍白色，很红。

彩图 26 缺锰的梨叶

近叶缘处开始有点不明显的褪绿。

彩图 27 缺锌的梨树枝条

其特征为顶端的叶片越长越小,并呈现簇状,即"小叶病"。

桃

彩图28　缺钾的桃树枝条
枝条细长，节间长，叶尖褪绿。随着缺钾程度的加剧，叶片坏死，叶缘向里和向上卷曲，并向后弯曲；右为正常枝条。

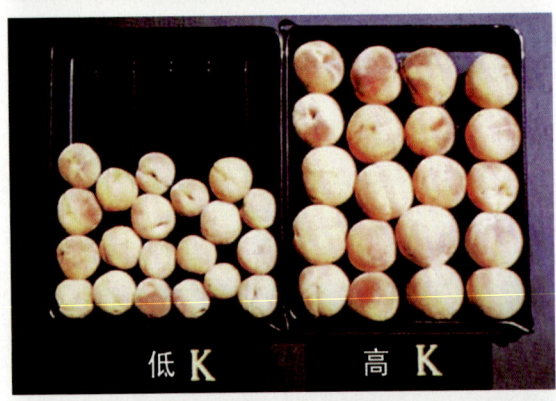

彩图29　低钾与高钾的桃的比较
缺钾的从膨大期开始叶片黄化，叶缘褐变且扭曲。左为缺钾果实，明显小于不缺钾（右）的果实。

彩图30　缺钾桃和叶片
左为正常的果实和叶片；中为缺钾的果实，叶片卷曲；右为严重缺钾的果实，叶片卷曲。

彩图31 桃缺钙的症状
　　左为缺钙的果实，表现为果实顶腐；右为正常的桃子。

彩图32 缺钙桃和新梢
　　症状为新梢顶部萎缩，新叶畸形（上），果实顶端褐腐（下）。

彩图33 缺硫的桃树叶片
　　叶色黄白。

彩图 34　严重缺铁的幼年桃树
　　叶片几乎全部黄化,顶端更为明显。

彩图 35　缺锌的桃树枝条
　　左为缺锌的枝条,其特征为小叶丛生;右为正常的桃树枝条。

葡 萄

彩图 36　缺钾的葡萄叶片和果实（上）

从叶缘开始黄化，出现褐色斑点，进一步向外卷曲并枯死。缺钾时，粒数少，果粒大小不均匀。下为正常的叶片和果实。

彩图 37　缺镁的葡萄叶片

缺镁的叶片明显变成紫红色，并有坏死斑块。

彩图 38　缺镁的葡萄叶片

下部老叶首先出现症状，注意脉间失绿而叶脉仍保持绿色。

彩图 39　缺铁的葡萄叶片
其特征是末端新生叶片明显地褪绿。

彩图 40　缺硼的葡萄叶片
叶片出现不规则、不透明的淡黄色斑点。一般在开花期到膨大期发生。

彩图 41　缺硼的葡萄果实
在果粒膨大过程中表现出果实上有褐色的凹陷。

彩图 42　缺锰的葡萄植株
　　从开花期开始，症状出现在叶片上，叶脉间呈淡绿色，沿着叶脉残留绿色。果粒着色不均匀。

彩图 43　缺锰的葡萄叶片
　　叶脉间褪绿。外观上不像缺镁那样鲜明，而且不出现于顶部叶片。

彩图 44 缺锰的葡萄叶片
　　在某些部位上有明显的褪绿。

彩图 45 缺锰的葡萄果穗
　　特征是果穗小，成熟不均匀。

彩图 46 缺锰的葡萄果穗和叶片
　　左为正常的，右为缺锰的（玫瑰露），脉间呈淡绿色，只有叶脉保持绿色。注意着色果粒和不着色果粒不均匀混合存在。

彩图 47　受氯害葡萄植株
　　特征为叶缘焦枯。此为田间景观。

彩图 48　受氯害葡萄叶片
　　症状为叶缘焦枯。

彩图 49　受氯害的红葡萄叶片
　　其特征是叶片有明显的红褐色灼烧状叶缘。

樱 桃

彩图50 缺锰的甜樱桃叶片
叶脉间失绿，而叶脉仍保持绿色。

彩图51 缺硼的樱桃果实
右为正常果实；左为缺硼的果实，易发生于干旱年份。

杏

彩图52 缺钾的杏树
缺钾时下位叶叶缘黄化，有焦枯褐斑。

枣

彩图53 缺锰的枣树叶片
主要表现于枝条上部，叶脉间黄化，但叶脉仍保持绿色。

山楂

彩图 54　山楂缺氮的症状
　　主要是下位叶黄化。

彩图 55　山楂缺铁的叶片
　　特点是新叶黄白化。

彩图 56　山楂缺铁的症状
　　缺铁的症状出现在新长成的枝条上，叶片黄化，甚至呈黄白色。但植株下部枝条仍为绿色。

板　栗

彩图 57　板栗缺钾的症状
特征是下位叶叶缘黄化焦枯，残缺不全。

彩图 58　板栗缺镁的症状
表现在中下部叶片上，叶片黄化，叶脉呈鱼刺状。

果树测土配方施肥技术理论与实践

赵永志 著

中国农业科学技术出版社

图书在版编目(CIP)数据

果树测土配方施肥技术理论与实践/赵永志著.
—北京:中国农业科学技术出版社,2012.1
ISBN 978-7-5116-0694-5

Ⅰ.①果… Ⅱ.①赵… Ⅲ.①果树园艺-土壤肥力-测定法②果树园艺-施肥-配方 Ⅳ.①S660.6

中国版本图书馆 CIP 数据核字(2011)第 207485 号

责任编辑	徐 毅 李少莉
责任校对	贾晓红
出 版 者	中国农业科学技术出版社
	北京市中关村南大街 12 号 邮编:100081
电 话	(010)82106631(编辑室) (010)82109704(发行部)
	(010)82109703(读者服务部)
传 真	(010)82106631
网 址	http://www.castp.cn
经 销 者	新华书店北京发行所
印 刷 者	北京卡乐富印刷有限公司
开 本	787 mm×1 092 mm 1/16
印 张	14.5 彩插:20 页
字 数	233 千字
版 次	2012 年 2 月第 1 版 2012 年 11 月第 2 次印刷
定 价	39.00 元

━━━◆版权所有·侵权必究◆━━━

编审人员

主　编：赵永志

副主编：王立平

编　者（以姓氏笔画为序）：

于跃跃　王崇旺　王艳均　刘　彬　刘立娟　刘继远
马燕红　张志刚　张怀文　张　静　吴建平　李书发
陈　娟　陈保华　金　强　周立新　胡春风　贺建德
高启臣　高振新　梁金凤　鲁洪斌

序

我国是一个人口众多而耕地后备资源相对不足的国家，保障粮食及其他农产品生产安全始终是我国一项长期的战略性任务，国务院通过的《全国新增1000亿斤粮食生产能力规划(2009—2020)》提出，到2020年我国粮食生产能力达到11000亿斤以上，比现有产能增加1000亿斤。在耕地刚性减少的情况下，农业增产只能依赖于单产的提高，而提高土壤肥力和施用肥料对作物增产起着重要的作用。我国农民盲目施肥现象依然比较严重，尤其是近一、二十年，我国化肥施用量急剧增加，施用有机肥数量急剧减少，长期单一超量施用化肥，导致土壤板结、结构变差，土壤生物功能急剧下降，土壤生态系统变得越来越脆弱，这不仅大大影响了耕地生产能力和抵抗自然灾害能力的提高，影响了农产品数量和质量安全，影响了农业效益和农民收入提高，而且带来严重的环境污染。随着"优质、高产、高效、生态、安全"现代农业的发展，实行科学施肥，推广测土配方施肥和增施有机肥技术，成为今后一项长期而重要的工作任务。推广测土配方施肥和增施有机肥技术，不仅对于提高农作物单产，改善农作物品质，降低生产成本，提高肥料利用率，保证农作物稳定增产、农业增效、农民增收具有现实意义和作用，而且对于建设都市型农业，保护农业生态环境，保证农产品质量安全，实现农业可持续发展具有深远的历史意义。

实施测土配方施肥和增施有机肥首先是确保我国粮食安全的战略举措。在人增地减难以逆转的形势下，保障粮食安全必须依靠科技进步提高单产，推广测土配方施肥技术和增施有机肥是提高单产的重要技术支撑。为此，必须把测土配方施肥和增施有机肥继续作为今后促进粮食生产稳定发展、保障国家粮食安全和农产品有效供给的战略性举措，长期坚持下去。

测土配方施肥和增施有机肥是保护生态环境、促进农业可持续发展的需要。目前我国已成为世界第一大化肥消费国，但化肥利用率长期徘徊在30%左右，与先进发达国家相比差距很大，北京市化肥投入量近些年始终保持着高速的增长。大量施用化肥使氮、磷在耕层积累，对土体、地下水、河湖等环境造成潜在的危害。采用测土配方施肥和增施有机肥技术，优化肥料施用结构、减少不合理肥料用量，降低环境污染，从而有效地缓解能源供需矛盾，促进农业可持续发展，这是当代世界发展低碳、绿色、高效经济的总趋势之一。

测土配方施肥和增施有机肥是促进农业增效农民增收的需要。我国是个农业大国,但还不是农业强国,农业基础地位依然薄弱,最需要加强,农村发展依然滞后,最需要扶持,农民增收依然困难,最需要加快。实践证明测土配方施肥和增施有机肥是当前农业生产中最直接、最广泛、最有效的节本增收措施,为此应该进一步加大推广力度,扩大测土配方施肥和增施有机肥覆盖面,指导农民科学、经济、合理施肥,使这一节本增效的有效措施长期惠泽广大农民群众。

测土配方施肥和增施有机肥还是建设发展北京都市现代农业的需要。进入21世纪北京市提出了发展都市型现代农业的战略任务,都市型现代农业融生产、生态、生活和展示功能为一体,具有鲜明突出的高端性、多样性、应急性和示范性的特点和作用,基于都市农业的特点,应着力发展生态农业、循环农业、高效农业、有机农业和观光农业,打造低碳、高效、绿色、有机、生态、安全的农业品牌,土肥作为农业的基础,推广测土配方施肥和增施有机肥技术是建设发展都市农业的基础环节。

北京市土肥工作站作为北京市重要的农业技术研究与推广部门,承担着北京地区土壤肥料质量管理、土壤肥料检验检测和土壤肥料技术研究与示范推广等主要工作。多年来始终把"服务首都,服务郊区,富裕农民"为己任,始终把确保首都郊区农业生产安全、生态安全、食品安全和农业增效、农民增收作为自己的最大责任和光荣使命,为了增加农业科技人员、农民朋友和肥料生产及经营者更好地了解和掌握肥料基础知识、增强鉴别真假肥料的能力,提高科学施肥水平,北京市土肥工作站组织土肥系统的专家编写了粮经、蔬菜、果树测土配方施肥技术理论与实践系列丛书。丛书系统全面、内容新颖,简明扼要,实用性及可操作性强。我愿将此书推荐给广大农业科技人员、农民朋友、肥料生产和经营者,相信对于你们从事农业科学试验、农业生产、肥料生产与经营具有一定的指导作用和参考价值,并希望通过我们的共同努力,提高北京地区科学施肥技术水平,推进北京都市型现代农业又好又快地发展。

南京农业大学教授
农业部耕地质量建设与管理专家组组长
中国土壤学会副理事长
佐甚荣
2011年12月25日

前 言

测土配方施肥是一项技术性很强的农业技术措施,推广测土配方施肥技术,对于提高农作物单产,改善农作物品质,降低生产成本,保证农作物稳定增产、农业增效、农民持续增收具有重要的现实意义和作用,对于提高肥料利用率,减少肥料浪费,保护农业生态环境,保证农产品质量安全,实现农业可持续发展具有深远的历史意义。为了提高农业科技人员、农民朋友以及肥料生产、经营者的测土配方施肥技术水平,促进北京都市型农业的发展,北京市土肥工作站组织编写了《果树测土配方施肥技术理论与实践》一书。全书分为测土配方施肥基本概念,肥料基础知识,果树需肥特点及施肥技术,果树缺素症及防治方法,测土配方施肥技术信息化五个部分。详细讲解了测土配方施肥的重要意义、基本原理和方法,各类肥料的性质特点、鉴别方法及施用方法,主要果树的需肥特点、施肥方法及推荐施肥量,主要果树缺素症的症状及对应的防治措施,测土配方施肥技术信息化建设的方法、步骤、功能与应用。本书系统全面,内容新颖,理论联系实践,实用性及可操作性强,适于农业科技人员、农民朋友和肥料生产、经营者阅读。

在本书的编写过程中,作者引用了一些相关书籍的图片和资料,在此向其作者深表谢意。由于时间仓促以及水平有限,书中难免有不足和疏漏之处,敬请读者批评指正。

编 者

2011 年 12 月

目 录

第一章 测土配方施肥的基本原理与方法 …………………………… (1)
第一节 测土配方施肥的意义与作用 …………………………… (1)
第二节 测土配方施肥的基本原理 ……………………………… (6)
第三节 测土配方施肥的基本原则 ……………………………… (8)
第四节 测土配方施肥的基本方法 ……………………………… (9)
第五节 测土配方施肥的基本内容 ……………………………… (13)

第二章 肥料的种类、性质及施用方法 ………………………………… (17)
第一节 氮肥 ……………………………………………………… (17)
第二节 磷肥 ……………………………………………………… (25)
第三节 钾肥 ……………………………………………………… (31)
第四节 中量元素肥料 …………………………………………… (35)
第五节 微量元素肥料 …………………………………………… (40)
第六节 复合肥料 ………………………………………………… (48)
第七节 复混肥料、掺混肥料 …………………………………… (54)
第八节 水溶肥料 ………………………………………………… (60)
第九节 微生物肥料 ……………………………………………… (68)
第十节 有机肥料 ………………………………………………… (75)
第十一节 有机-无机复混肥料 ………………………………… (78)
第十二节 农家肥和绿肥 ………………………………………… (81)

第三章 果树需肥特点与施肥技术 ……………………………………… (87)
第一节 葡萄需肥特点与施肥技术 ……………………………… (87)
第二节 苹果树需肥特点与施肥技术 …………………………… (89)
第三节 桃树需肥特点与施肥技术 ……………………………… (92)
第四节 梨树需肥特点与施肥技术 ……………………………… (94)
第五节 樱桃树需肥特点与施肥技术 …………………………… (96)
第六节 板栗树需肥特点与施肥技术 …………………………… (99)
第七节 杏树需肥特点与施肥技术 ……………………………… (101)
第八节 枣树需肥特点与施肥技术 ……………………………… (104)

第九节　山楂树需肥特点与施肥技术…………………………(106)
　　第十节　柿树需肥特点与施肥技术……………………………(109)

第四章　果树缺素症及其诊断方法……………………………(112)
　　第一节　葡萄缺素症及防治方法………………………………(113)
　　第二节　苹果树缺素症及防治方法……………………………(115)
　　第三节　桃树缺素症及防治方法………………………………(117)
　　第四节　梨树缺素症及防治方法………………………………(120)
　　第五节　樱桃树缺素症及防治方法……………………………(122)
　　第六节　板栗树缺素症及防治方法……………………………(124)
　　第七节　杏树缺素症及防治方法………………………………(126)
　　第八节　枣树缺素症及防治方法………………………………(128)
　　第九节　山楂树缺素症及防治方法……………………………(128)

第五章　测土配方施肥技术信息化……………………………(129)
　　第一节　测土配方施肥信息化的意义…………………………(130)
　　第二节　测土配方施肥信息化的含义及其目标任务…………(131)
　　第三节　测土配方施肥信息化建设方法和步骤………………(132)
　　第四节　测土配方施肥信息化功能与应用……………………(139)
　　第五节　测土配方施肥信息化管理……………………………(140)
　　第六节　北京市测土配方施肥信息化建设……………………(141)

附录……………………………………………………………………(145)
　　附件1　测土配方施肥技术规范…………………………………(145)
　　附件2　肥料标识　内容和要求…………………………………(189)
　　附件3　肥料登记管理办法………………………………………(196)
　　附件4　主要作物单位产量养分吸收量…………………………(202)
　　附件5　主要作物养分含量表……………………………………(204)
　　附件6　主要有机肥料养分含量表………………………………(205)
　　附件7　化学肥料性质与特点……………………………………(208)
　　附件8　主要肥料能否混合施用查对表…………………………(212)
　　附件9　常用化肥特性及施用技术要点歌………………………(213)
　　附件10　农作物缺素症诊断方法口诀…………………………(219)

主要参考文献……………………………………………………………(220)

第一章
测土配方施肥的基本原理与方法

第一节　测土配方施肥的意义与作用

一、测土配方施肥的基本概念

测土配方施肥是以土壤测试和肥料田间试验为基础，根据作物的需肥规律、土壤供肥性能和肥料效应，在合理施用有机肥料的基础上，提出氮、磷、钾及中、微量元素的施用数量、施肥时期和施肥方法。通俗地讲就是在农业科技人员的指导下科学施用配方肥料。测土配方施肥技术的核心是调节和解决作物需肥与土壤供肥之间的矛盾，有针对性地补充作物所需的营养元素，作物缺什么元素补什么元素，需要多少补多少，实现各种养分的平衡供应，满足作物的需要，达到提高肥料利用率和减少肥料用量，提高作物产量，改善作物品质，节支增收的目的。

二、测土配方施肥的重要性和紧迫性

（一）测土配方施肥是贯彻中央文件精神、推进科技兴农的需要

农业部把开展测土配方施肥作为践行"三个代表"重要思想、贯彻落实科学发展观、维护农民切身利益的具体体现。2005年，中共中央《关于进一步加强农村工作提高农业综合生产能力若干政策的意见》（中发【2005】1号文）提出要"推广测土配方施肥，推行有机肥综合利用与无害化处理，引导农民多施农家肥，增加土壤有机质"。国务院印发的《关于做好建设节约型社会近期重点工作的通知》（国发【2005】21号文）将"推广节肥、节药技术，提高化肥、农药利用率"作为加强资源综合利用的重要措施。在2005年"两会"期间，胡锦涛总书记和温家宝总理强调要指导和帮助农民合理施用化肥、农药，切实解决农业和农村面源污染问题。温家宝总理批示："大力推广科学施肥技术，指导农民科学、经济、合理施肥，既可以节约开支，降低成本，提高耕地产

出率；又有利于改良土壤，保护地力和环境，是发展高产、优质、高效农业，增加农民收入的一条重要途径，应当作为农业科技革命的一项重要措施来抓"。温家宝总理在视察河北农村时再次强调指出测土配方施肥是农业和农村工作的一个亮点。回良玉副总理对农业部作出批示："测土配方施肥是农业节本增效，提高耕地产出率，促进可持续发展的一项关键技术。特别是在当前农资价格持续上涨的情况下，农业部启动春季行动，对促进农民增产增收具有重要作用。望加强领导，认真组织实施，有关部门要给予支持。"2005年为了贯彻落实中央一号文件精神和中央领导同志的重要批示精神，农业部先后发出了《农业部关于开展测土配方施肥春季行动的紧急通知》（农农发【2005】8号）与《农业部关于印发测土配方施肥秋季行动方案的通知》（农农发【2005】16号）要求在全国范围内开展测土配方施肥春季与秋季行动。2006年，北京市委、市政府高度重视测土配方施肥工作，将该项工作列入市委、市政府的折子工程。北京市农委、市农业局联合召开了测土配方施肥工作会议，根据《农业部办公厅、财政部办公厅关于下达2006年测土配方施肥补贴项目实施方案的通知》（农办财【2006】11号）精神和《全国测土配方施肥项目规划》、全国测土配方施肥视频会议的有关要求，结合北京都市型现代农业发展和社会主义新农村建设的需要，紧紧围绕发展安全、高效农业和循环经济的主题，制定了《北京市测土配方施肥五年规划》与《2006年北京市测土配方施肥行动方案》，在北京市启动了测土配方施肥补贴项目。

（二）测土配方施肥是实现农业发展方式转变，粮食增产、农业增效与农民增收的需要

《中共中央关于推进农村改革发展若干重大问题的决定》中明确提出，发展现代农业必须按照高产、优质、高效、生态、安全的要求，加快转变农业发展方式，提高土地产出率、资源利用率、劳动生产率，增强农业抗风险能力、国际竞争能力、可持续发展能力。最近几年随着农业产业结构的调整，越来越多的农民转移到高附加值的设施经济作物及名优特农产品的种植上来，各地政府也在加紧推进地方优势农产品的产业发展，以高投入高收益为目标，重视肥料农药的投入，结果带来了生产成本过高、资源浪费严重以及生态环境污染等问题，这些都对转变农业发展方式提出了新的课题。目前，我国农业基础仍然薄弱，北京作为国际型大都市，土地资源十分宝贵，农村人均耕地面积仅为1.4亩（1亩等于667m^2，全书同）。有限的土地不仅要提供充足的粮食蔬菜和

瓜果等农副产品，还要保证城乡居民生活用地和城市建设用地，土壤资源严重短缺。实践证明，测土配方施肥是当前农业生产中最直接、最广泛、最有效的节本增收措施，可有效减轻农民劳动强度，节约劳动成本，尤其在能源供应偏紧、化肥价格居高不下的情况下，大力推广测土配方施肥对农民节本增收意义更加重大。因此，必须充分发挥测土配方施肥的技术支撑作用，把测土配方施肥作为今后促进粮食增产、农业增效、农民增收的一项基础性、公益性、长期性的战略举措，一如既往地坚持下去。

（三）测土配方施肥是保护生态环境，促进农业可持续发展的需要

北京市化肥投入量近些年始终保持着高速的增长，2005年氮磷钾纯养分的用量达到14万吨，约合每亩33.3kg，远高于全国平均水平，占生产总投入的50%～60%，其中，纯氮用量达到8.4万吨。据调查，北京市瓜菜类化肥年投入量占北京市化肥总投入量的43%，每年菜田土壤淋洗的氮素约为433吨，平均每亩淋洗0.56kg，可使4330万立方米的地下水超标10mg/L。磷素施入土壤后易被固定，在2个月内就有2/3变成不可吸收的状态，而且作物对磷的当季利用率很低，一般只有5%～15%，加上后期效率不超过25%，约有大于75%的磷素滞留在土壤中，每季磷（P_2O_5）在土壤的积累量可达每亩15.5kg，有些设施菜田耕层土壤的磷（P_2O_5）含量可达300～500mg/kg。由于氮、磷素在耕层的积累，对土体、地下水、河湖等环境存在着潜在的危害。采用测土配方施肥技术，可优化肥料施用结构、减少不合理肥料用量，降低环境污染、提高耕地基础地力，从而有效地缓解能源供需的矛盾，促进农业的可持续发展。

三、测土配方施肥的意义与作用

我国是一个人口众多而耕地后备资源相对不足的国家，农业增产依赖于单产的提高，肥料的施用对作物单产的提高起着重要的促进作用。长期以来我国农村盲目施肥现象严重，不仅造成农业生产成本增加，而且带来严重的环境污染，威胁农产品质量安全，影响农业产量进一步提高。随着"优质、高产、高效、生态、安全"农业的发展，转变施肥观念、实行科学施肥，成为今后的一项长期性任务。推广测土配方施肥技术，对于提高农作物单产，改善农作物品质，降低生产成本，保证农作物稳定增产、农业增效、农民持续增收具有现实的意义和作用，对于提高肥料利用率、减少肥料浪费，保护农业生态环境、保证农产品质量安全、实现农业可持续发展具有深远的历史意义。

（一）测土配方施肥是提高化肥利用率、建立作物施肥指标体系的主要途径

目前，我国每年化肥利用率很低，平均仅为30%，氮肥的利用率一般为30%~50%，磷肥的利用率一般为10%~15%，钾肥的利用率一般为40%~70%。导致化肥利用率偏低的原因很多，但施肥量和施肥比例不合理，是其中的主要因素。通过开展测土配方施肥，可建立作物施肥指标体系，合理地确定施肥量和各营养元素比例，有效提高化肥利用率。

（二）测土配方施肥是确保我国粮食安全的重大战略举措

我国是世界上人口最多的发展中国家，粮食安全关系国家的长治久安，任何时候都麻痹不得、大意不得、放松不得，必须常抓不懈。在人增地减趋势难以逆转的形势下，保障粮食安全必须依靠科技进步，走提高单产的路子。长期实践证明，合理施肥对提高单产有着其他任何措施不可替代的作用。长期研究结果表明，肥料对粮食增产的贡献率一般在40%以上。据全国测土配方施肥补贴项目连续6年实施调查结果显示，通过测土配方施肥，项目区与传统施肥区相比，小麦、玉米等粮食作物亩均增产6%~10%，充分展示了测土配方施肥在提高粮食单产中的重要作用。根据《国家粮食安全中长期规划纲要》，我国粮食自给率要稳定在95%以上，测土配方施肥技术的推广是重要技术支撑，为此，必须把测土配方施肥继续作为今后促进粮食生产稳定发展、保障国家粮食安全和农产品有效供给的战略性举措，长期坚持下去。

（三）测土配方施肥是转变农业发展方式的重要内容

发展现代农业必须按照高产、优质、高效、生态、安全的要求，加快转变农业发展方式，提高土地产出率、资源利用率、劳动生产率，增强农业抗风险能力、国际竞争能力、可持续发展能力。长期以来，我国农业发展方式是"高投入、高产出、低效益"。目前，尽管我国用占世界9%的耕地养活了占世界22%的人口，满足了国内日益增长的粮食等农产品需求，却消费了占世界1/3的化肥。生产成本过高和资源浪费较大是不争的事实。因此，改进耕地、肥料等资源利用方式是转变农业发展方式不可或缺的重要方面，是加快发展中国特色农业现代化的内在要求。近六年来，通过测土配方施肥补贴试点，项目区肥料利用率提高3~5个百分点，全国累计减少不合理施肥160万吨（折纯），相当于节约原油210万吨或天然气2.2亿立方米。实践证明，大力推广测土配方

施肥技术，可以节约开支，降低成本，培肥地力，提高耕地产出率，是发展高产、优质、高效农业的重要途径，应当作为农业科技革命的一条重要措施来抓。

（四）测土配方施肥是建设农业生态文明的客观要求

20世纪70年代以来，我国在肥料施用上逐步以有机肥为主转变为以化肥为主，目前，已成为世界第一大化肥消费国。2007年全国化肥施用总量达到5 000多万吨，占世界化肥消费总量的30.2%，由于先进实用的科学施肥技术未得到应有的推广应用，化肥利用率长期徘徊在30%左右，与先进发达国家相比差距很大。大量化肥通过挥发进入大气、通过渗透流入地下或进入江河，造成局部地区水体富营养化。此外，畜禽养殖废弃物等有机肥资源处置不当，利用率低，也造成资源浪费和环境污染。通过测土配方施肥补贴项目实施，项目区农民施肥观念逐渐转变，氮、磷、钾施用比例趋于合理。实践表明，测土配方施肥对减少肥料用量、提高化肥利用率，减轻环境污染、促进节能减排具有重要的现实意义。

（五）测土配方施肥是促进农业增效农民增收的有效途径

农业是安天下、稳民心的战略产业，同时，也是效益比较低的弱质产业。《中共中央关于推进农村改革发展若干重大问题的决定》指出：农业基础仍然薄弱，最需要加强；农村发展仍然滞后，最需要扶持；农民增收仍然困难，最需要加快。测土配方施肥是当前农业生产中最直接、最广泛、最有效的节本增收措施。全国测土配方施肥补贴项目实施结果证明，通过实施测土配方施肥，粮食作物平均每亩节本增收25～35元；经济作物每亩节本增收50～80元。应该进一步加大推广力度，扩大测土配方施肥覆盖面，指导农民科学、经济、合理施肥，使这一节本增效的有效措施长期惠泽广大农民群众。

（六）测土配方施肥是缓解化肥资源供需矛盾的客观需要

目前，我国已成为世界最大的化肥生产和消费国，2007年我国化肥生产总量5 696万吨，每年因生产氮肥需消耗标准煤约1亿吨，消耗的天然气占全国总量的1/3。我国磷矿品位低，开采难度大，现有21.11亿吨资源也只能延续到2022年左右；钾矿资源有限，可开采资源少，现有经济储量可开采66年左右。在这种化肥资源与能源供应偏紧，而化肥需求总量呈刚性性增长的情况下，当务之急就是通过测土配方施肥，实行经济、科学、环保施肥，减少不合理的化肥用量，减缓化肥需求过快增长的势头，减轻国家化肥资源与能源供给能力。

总之，测土配方施肥不同于一般的"项目"或"工程"，是一项长期性、规范性、科学性、示范性和应用性很强的农业科学技术，是直接关系到农作物稳定增产、农民收入稳步增加、生态环境不断改善的一项"日常性"工作。有效全面地实施测土配方施肥能够达到 5 个方面的目标。

1. 增产目标

即通过测土配方施肥措施使作物单产水平在原有基础上有所提高，在当前生产条件下，能最大限度地发挥作物的增产潜能。

2. 优质目标

即通过测土配方施肥均衡作物营养，使作物在农产品质量上得到改善。

3. 高效目标

即做到合理施肥、养分配比平衡、分配科学，提高肥料利用率，降低生产成本，增加施肥效益。

4. 生态目标

即通过测土配方施肥，减少肥料的挥发、流失等浪费，减轻对地下水硝酸盐的积累和面源污染，从而保护农业生态环境。

5. 改土目标

即通过有机肥和化肥的配合施用，实现耕地养分的投入产出平衡，在逐年提高单产的同时，使土壤肥力得到不断提高，达到培肥土壤、提高耕地综合生产能力的目标。

第二节　测土配方施肥的基本原理

测土配方施肥是以养分归还（补偿）学说、最小养分律、同等重要律、不可代替律、肥料效应报酬递减律和因子综合作用律等理论为依据，以确定不同养分的施肥总量和配比为主要内容。为了充分发挥肥料的最大增产效益，施肥必须与选用良种、肥水管理、种植密度、耕作制度和气候变化等影响肥效的诸因素结合，形成一套完整的施肥技术体系。

测土配方施肥的基本原理有 3 个方面的基本内涵。

"测土"：摸清土壤的养分状况，掌握土壤的供肥性能。

"配方"：根据土壤缺什么元素，确定补充什么元素，其核心是根据土壤、作物状况和产量要求，确定施用肥料的配方、品种和数量。

"施肥"：按照上述配方，合理安排基肥和追肥比例，规定施用时间和方法，以发挥肥料的最大增产作用。

一、养分归还（补偿）学说

土壤虽然是个巨大的"养分库"，但不能把它看做是取之不尽、用之不竭的，每年种植农作物带走了大量的土壤养分，作物产量的形成有40%～80%的养分来自土壤。为保证土壤有足够的养分供应容量和强度，保持土壤养分的输出与输入间的平衡，必须通过施肥这一措施把作物吸收的养分"归还"土壤，确保土壤肥力。

二、最小养分律（水桶定律）

作物生长发育需要吸收各种养分，但严重影响作物生长，限制作物产量的是土壤中那种相对含量最小的养分因素，也就是最缺的那种养分（最小养分）。如果忽视这个最小养分，即使继续增加其他养分，作物产量也难以再提高。只有增加最小养分的量，产量才能相应提高。经济合理的施肥方案，是将作物所缺的各种养分同时按作物所需比例相应提高，作物才会高产。

三、同等重要律

对农作物来讲，不论大量元素或微量元素，都是同样重要缺一不可的，即缺少某一种微量元素，尽管它的需要量很少，仍会影响某种生理功能而导致减产。如玉米缺锌导致植株矮小而出现花白苗，水稻苗期缺锌造成僵苗，棉花缺硼使得结蕾而不花。微量元素与大量元素同等重要，不能因为需要量少而忽略。

四、不可代替律

作物需要的各营养元素，在作物内都有一定功效，相互之间不能替代。如缺磷不能用氮代替，缺钾不能用氮、磷配合代替。缺少什么营养元素，就必须施用含有该元素的肥料进行补充。

五、报酬递减律

从一定土地上所得的报酬，随着向该土地投入的劳动和资本量的增大而有所增加，但达到一定水平后，随着投入的单位劳动和资本量的增加，报酬的增加却在逐步减少。当施肥量超过适量时，作物产量与施肥量之间的关系就不再是曲线模式，而呈抛物线模式了，单位施肥量的增产会呈递减趋势。

六、因子综合作用律

作物产量高低是由影响作物生长发育诸因子综合作用的结果，但其中必有一个起主导作用的限制因子，产量在一定程度上受该限制因子的制约，可用函数式来表达作物产量与环境因子的关系：

$$Y = f(N、W、T、G、L)$$

式中：Y——农作物产量；f——函数的符号；N——养分；W——水分；T——温度；G——CO_2 浓度；L——光照。

为了充分发挥肥料的增产作用和提高肥料的经济效益，一方面，施肥措施必须与其他农业技术措施密切配合，发挥生产体系的综合功能；另一方面，各种养分之间的配合作用，也是提高肥效不可忽视的问题。

第三节　测土配方施肥的基本原则

一、氮、磷、钾相配合

氮、磷、钾相配合是测土配方施肥的重要内容。随着产量的不断提高，在土壤高强度消耗养分的情况下，必须强调氮、磷、钾相互配合，并补充必要的微量元素，才能获得高产稳产。

二、有机与无机相结合

实施测土配方施肥必须以有机肥料为基础。增施有机肥料可以增加土壤有机质含量，改善土壤理化性状，提高土壤保水保肥能力，增强土壤微生物的活性，促进化肥利用率的提高。因此，必须坚持多种形式的有机肥料投入，才能够培肥地力，实现农业可持续发展。

三、大量、中量、微量元素配合

各种营养元素的配合是配方施肥的重要内容，随着产量的不断提高，在耕地高度集约利用的情况下，必须进一步强调氮、磷、钾肥的相互配合，并补充必要的中量、微量元素，才能获得高产稳产。

四、用地与养地相结合,投入与产出平衡

要使作物-土壤-肥料形成物质和能量的良性循环,必须坚持用养结合,投入产出相平衡。破坏或消耗了土壤肥力,就意味着降低了农业再生产的能力。

第四节 测土配方施肥的基本方法

一、基于田块的肥料配方设计

基于田块的肥料配方设计首先确定氮、磷、钾养分的用量,然后确定相应的肥料组合,通过提供配方肥料或发放配肥通知单,指导农民使用。肥料用量的确定方法主要包括土壤与植物测试推荐施肥方法、肥料效应函数法、土壤养分丰缺指标法和养分平衡法。

1. 土壤与植物测试推荐施肥方法

该技术综合了目标产量法、养分丰缺指标法和作物营养诊断法的优点。对于大田作物,在综合考虑有机肥、作物秸秆应用和管理措施的基础上,根据氮、磷、钾和中、微量元素养分的不同特征,采取不同的养分优化调控与管理策略。其中,氮肥推荐根据土壤供氮状况和作物需氮量,进行实时动态监测和精确调控。包括基肥和追肥的调控;磷、钾肥通过土壤测试和养分平衡进行监控;中、微量元素采用因缺补缺的矫正施肥策略。该技术包括氮素实时监控、磷钾养分恒量监控和中、微量元素养分矫正施肥技术。

(1) 氮素实时监控施肥技术

根据不同土壤、不同作物、不同目标产量确定作物需氮量,以需氮量的 30%～60% 作为基肥用量。具体基施比例根据土壤全氮含量,同时参照当地丰缺指标来确定。一般在全氮含量偏低时,采用需氮量的 50%～60% 作为基肥;在全氮含量居中时,采用需氮量的 40%～50% 作为基肥;在全氮含量偏高时,采用需氮量的 30%～40% 作为基肥。30%～60% 基肥比例可根据上述方法确定,并通过"3414"田间试验进行校验,建立当地不同作物的施肥指标体系。有条件的地区可在播种前对 0～20cm 土壤无机氮(或硝态氮)进行监测,调节基肥用量。

$$基肥用量(kg/亩) = \frac{(目标产量需氮量 - 土壤无机氮) \times (30\% \sim 60\%)}{肥料中养分含量 \times 肥料当季利用率}$$

其中，土壤无机氮（kg/亩）＝土壤无机氮测试值（mg/kg）×0.15×校正系数

氮肥追肥用量推荐以作物关键生育期的营养状况诊断或土壤硝态氮的测试为依据，这是实现氮肥准确推荐的关键环节，也是控制过量施氮或施氮不足、提高氮肥利用率和减少损失的重要措施。测试项目主要是土壤全氮含量、土壤硝态氮含量或小麦拔节期茎基部硝酸盐浓度、玉米最新展开叶叶脉中部硝酸盐浓度，水稻采用叶色卡或叶绿素仪进行叶色诊断。

(2) 磷、钾养分恒量监控施肥技术

根据土壤有（速）效磷、钾含量水平，以土壤有（速）效磷、钾养分不成为实现目标产量的限制因子为前提，通过土壤测试和养分平衡监控，使土壤有（速）效磷、钾含量保持在一定范围内。对于磷肥，基本思路是根据土壤有效磷测试结果和养分丰缺指标进行分级，当有效磷水平处在中等偏上时，可以将目标产量需要量（只包括带出田块的收获物）的100％～110％作为当季磷肥用量；随着有效磷含量的增加，需要减少磷肥用量，直至不施；随着有效磷的降低，需要适当增加磷肥用量，在极缺磷的土壤上，可以施到需要量的150％～200％。在2～3年后再次测土时，根据土壤有效磷和产量的变化再对磷肥用量进行调整。钾肥首先需要确定施用钾肥是否有效，再参照上面方法确定钾肥用量，但需要考虑有机肥和秸秆还田带入的钾量。一般大田作物磷、钾肥料全部做基肥。

(3) 中微量元素养分矫正施肥技术

中、微量元素养分的含量变幅大，作物对其需要量也各不相同。主要与土壤特性（尤其是母质）、作物种类和产量水平等有关。矫正施肥就是通过土壤测试，评价土壤中、微量元素养分的丰缺状况，进行有针对性的因缺补缺的施肥。

2. 肥料效应函数法

根据"3414"方案田间试验结果建立当地主要作物的肥料效应函数，直接获得某一区域、某种作物的氮、磷、钾肥料的最佳施用量，为肥料配方和施肥推荐提供依据。

3. 土壤养分丰缺指标法

通过土壤养分测试结果和田间肥效试验结果，建立不同作物、不同区域的土壤养分丰缺指标，提供肥料配方。

土壤养分丰缺指标田间试验也可采用"3414"部分实施方案。

"3414"方案中的处理1为空白对照（CK），处理6为全肥区（NPK），处理2、4、8为缺素区（即PK、NK和NP）。收获后计算产量，用缺素区产量占全肥区产量百分数即相对产量的高低来表达土壤养分的丰缺情况。相对产量低于50%的土壤养分为极低，相对产量50%~60%（不含）为低，60%~70%（不含）为较低，70%~80%（不含）为中，80%~90%（不含）为较高，90%（含）以上为高，从而确定适用于某一区域、某种作物的土壤养分丰缺指标及对应的肥料施用数量。对该区域其他田块，通过土壤养分测试，就可以了解土壤养分的丰缺状况，提出相应的推荐施肥量。

4. 养分平衡法

(1) 基本原理与计算方法

根据作物目标产量需肥量与土壤供肥量之差估算施肥量，计算公式为：

$$施肥量（kg/亩）=\frac{目标产量所需养分总量-土壤供肥量}{肥料中养分含量\times 肥料当季利用率}$$

养分平衡法涉及目标产量、作物需肥量、土壤供肥量、肥料利用率和肥料中有效养分含量五大参数。土壤供肥量即为"3414"方案中处理1的作物养分吸收量。目标产量确定后因土壤供肥量的确定方法不同，形成了地力差减法和土壤有效养分校正系数法两种。

地力差减法是根据作物目标产量与基础产量之差来计算施肥量的一种方法。其计算公式为：

$$施肥量（kg/亩）=\frac{（目标产量-基础产量）\times 单位经济产量养分吸收量}{肥料中养分含量\times 肥料利用率}$$

基础产量即为"3414"方案中处理1的产量。

土壤有效养分校正系数法是通过测定土壤有效养分含量来计算施肥量。其计算公式为：

施肥量（kg/亩）

$$=\frac{作物单位产量养分吸收量\times 目标产量-土壤测试值\times 0.15\times 土壤有效养分校正系数}{肥料中养分含量\times 肥料利用率}$$

(2) 有关参数的确定

——目标产量

目标产量可采用平均单产法来确定。平均单产法是利用施肥区前3年平均单产和年递增率为基础确定目标产量，其计算公式是：

$$目标产量（kg/亩）=（1+递增率）\times 前3年平均单产（kg/亩）$$

一般粮食作物的递增率为10%~15%，露地蔬菜为20%，设施蔬菜为30%。

——作物需肥量

通过对正常成熟的农作物全株养分的分析,测定各种作物百千克经济产量所需养分量,乘以目标常量即可获得作物需肥量。

$$作物目标产量所需养分量（kg）= \frac{目标产量（kg）}{100} \times 百千克产量所需养分量（kg）$$

——土壤供肥量

土壤供肥量可以通过测定基础产量、土壤有效养分校正系数两种方法估算：

通过基础产量估算（处理1产量）：不施肥区作物所吸收的养分量作为土壤供肥量。

$$土壤供肥量（kg）= \frac{不施养分区农作物产量（kg）}{100} \times 百千克产量所需养分量（kg）$$

通过土壤有效养分校正系数估算：将土壤有效养分测定值乘一个校正系数,以表达土壤"真实"供肥量。该系数称为土壤有效养分校正系数。

$$土壤有效养分校正系数（\%）= \frac{缺素区作物地上部分吸收该元素量（kg/亩）}{该元素土壤测定值（mg/kg）\times 0.15}$$

——肥料利用率

一般通过差减法来计算：利用施肥区作物吸收的养分量减去不施肥区农作物吸收的养分量,其差值视为肥料供应的养分量,再除以所用肥料养分量就是肥料利用率。

$$肥料利用率（\%）= \frac{施肥区农作物吸收养分量（kg/亩）- 缺素区农作物吸收养分量（kg/亩）}{肥料施用量（kg/亩）\times 肥料中养分含量（\%）} \times 100$$

上述公式以计算氮肥利用率为例来进一步说明。

施肥区（NPK区）农作物吸收养分量（kg/亩）："3414"方案中处理6的作物总吸氮量；

缺氮区（PK区）农作物吸收养分量（kg/亩）："3414"方案中处理2的作物总吸氮量；

肥料施用量（kg/亩）：施用的氮肥肥料用量；

肥料中养分含量（%）：施用的氮肥肥料所标明的含氮量。

如果同时使用了不同品种的氮肥,应计算所用的不同氮肥品种的总氮量。

——肥料养分含量

供施肥料包括无机肥料与有机肥料。无机肥料、商品有机肥料含量按其标明量。不明养分含量的有机肥料养分含量可参照当地不同类型有机肥养分平均含量获得。

二、县域施肥分区与肥料配方设计

在 GPS 定位土壤采样与土壤测试的基础上,综合考虑行政区划、土壤类型、土壤质地、气象资料、种植结构、作物需肥规律等因素,借助信息技术生成区域性土壤养分空间变异图和县域施肥分区图,优化设计不同分区的肥料配方。主要工作步骤如下:

1. 确定研究区域

一般以县级行政区域为施肥分区和肥料配方设计的研究单元。

2. GPS 定位指导下的土壤样品采集

土壤样品采集要求使用 GPS 定位,采样点的空间分布应相对均匀,如每 100 亩采集一个土壤样品,先在土壤图上大致确定采样位置,然后在标记位置附近的一个采集地块上采集多点混合土样。

3. 土壤测试与土壤养分空间数据库的建立

将土壤测试数据和空间位置建立对应关系,形成空间数据库,以便能在 GIS 中进行分析。

4. 土壤养分分区图的制作

基于区域土壤养分分级指标,以 GIS 为操作平台,使用 Kriging 等方法进行土壤养分空间插值,制作土壤养分分区图。

5. 施肥分区和肥料配方的生成

针对土壤养分的空间分布特征,结合作物养分需求规律和施肥决策系统,生成县域施肥分区图和分区肥料配方。

6. 肥料配方的校验

在肥料配方区域内针对特定作物,进行肥料配方验证。

第五节 测土配方施肥的基本内容

测土配方施肥技术包括"测土、配方、配肥、供应、施肥指导"五个核心环节和"野外调查、田间试验、土壤测试、配方设计、校正试验、配方加工、示范推广、宣传培训、数据库建设、效果评价、技术创新"十一项重点内容。

一、测土配方施肥的核心环节

(一)测土

在广泛的资料收集整理、深入的野外调查和典型农户调查、掌握耕地立地条件、土壤理化性质与施肥管理水平的基础上，按平均每100～200亩农田确定取样单元及取样农户地块，采集有代表性的土样1个；对采集的土样进行有机质、全氮、水解氮、有效磷、缓效钾、速效钾及中、微量元素等养分的化验，为制定配方和田间肥料试验提供基础数据。

（二）配方

以开展田间肥料小区试验，摸清土壤养分校正系数、土壤供肥量、农作物需肥规律和肥料利用率等基本参数，建立不同施肥分区主要作物的氮、磷、钾肥料效应模式和施肥指标体系为基础，再由专家分区域、分作物根据土壤养分测试数据、作物需肥规律、土壤供肥特点和肥料效应，在合理配施有机肥的基础上，提出氮、磷、钾及中、微量元素等肥料配方。

（三）配肥

依据施肥配方，以各种单质或复混肥料为原料，配置配方肥。目前，推广上有两种方式：一是农民根据配方建议卡自行购买各种肥料，配合施用；二是由配肥企业按配方加工配方肥，农民直接购买施用。

（四）供应

测土配方施肥最具活力的供肥运作模式是通过肥料招投标，以市场化运作、工厂化生产和网络化经营将优质肥料供应到户、到田。

（五）施肥

制定、发放测土配方施肥建议卡到户或供应配方肥到点，并建立测土配方施肥示范区，通过树立样板田的形式来展示测土配方施肥技术效果，引导农民应用测土配方施肥技术。

二、测土配方施肥的重点内容

（一）野外调查

资料收集整理与野外定点采样调查相结合，典型农户调查与随机抽样调查相结合，通过广泛深入的野外调查和取样地块农户调查，掌握耕地地理位置、自然环境、土壤状况、生产条件、农户施肥情况以及耕作制度等基本信息进行调查研究，以便有的放矢的开展测土配方施肥工作。

（二）田间试验

田间试验是获得各种作物最佳施肥量、施肥时期、施肥方法的根本途径，也是筛选、验证土壤养分测试技术、建立施肥指标体系的基本环节。通过田间试验，掌握各个施肥单元不同作物优化施肥量，基、追肥分配比例，施肥时期和施肥方法；摸清土壤养分校正系数、土壤供肥量、农作物需肥参数和肥料利用率等基本参数；构建作物施肥模型，为施肥分区和肥料配方提供依据。

（三）土壤测试

土壤测试是制定肥料配方的重要依据之一，随着我国种植业结构的不断调整，高产作物品种不断涌现，施肥结构和数量发生了很大的变化，土壤养分库也发生了明显改变。通过开展土壤氮、磷、钾及中、微量元素养分测试，了解土壤供肥能力状况。

（四）配方设计

肥料配方设计是测土配方施肥工作的核心。通过总结田间试验、土壤养分数据等，划分不同区域施肥分区；同时，根据气候、地貌、土壤、耕作制度等相似性和差异性，结合专家经验，提出不同作物的施肥配方。

（五）校正试验

为保证肥料配方的准确性，最大限度地减少配方肥料批量生产和大面积应用的风险，在每个施肥分区单元设置配方施肥、农户习惯施肥、空白施肥3个处理，以当地主要作物及其主栽品种为研究对象，对比配方施肥的增产效果，校验施肥参数，验证并完善肥料配方，改进测土配方施肥技术参数。

（六）配方加工

配方落实到农户田间是提高和普及测土配方施肥技术的最关键环节。目前，不同地区有不同的模式，其中，最主要的也是最具有市场前景的运作模式就是市场化运作、工厂化加工、网络化经营。这种模式适应我国农村农民科技素质低、土地经营规模小、技物分离的现状。

（七）示范推广

为促进测土配方施肥技术能够落实到田间，既要解决测土配方施肥技术市场化运作的难题，又要让广大农民亲眼看到实际效果，这是限制测土配方施肥技术推广的"瓶颈"。建立测土配方施肥示范区，为农民创建窗口，树立样板，全面展示测土配方施肥技术效果，是推广前要做的工作。推广"一袋子肥"模式，将测土配方施肥技术物化成产品，也有利于打破技术推广"最后一公里"的坚冰。

（八）宣传培训

测土配方施肥技术宣传培训是提高农民科学施肥意识，普及技术的重要手段。农民是测土配方施肥技术的最终使用者，迫切需要向农民传授科学施肥方法和模式，同时，还要加强对各级技术人员、肥料生产企业、肥料经销商的系统培训，逐步建立技术人员和肥料商持证上岗制度。

（九）数据库建设

运用计算机技术、地理信息系统（GIS）和全球卫星定位系统（GPS），按照规范化测土配方施肥数据字典，以野外调查、农户施肥状况调查、田间试验和分析化验数据为基础，时时整理历年土壤肥料田间试验和土壤监测数据资料，建立不同层次、不同区域的测土配方施肥数据库。

（十）效果评价

农民是测土配方施肥技术的最终执行者和落实者，也是最终受益者。检验测土配方施肥的实际效果，及时获得农民的反馈信息，不断完善管理体系、技术体系和服务体系。同时，为科学地评价测土配方施肥的实际效果，必须对一定的区域进行动态调查。

（十一）技术创新

技术创新是保证测土配方施肥工作长效性的科技支撑。重点开展田间试验方法、土壤养分测试技术、肥料配制方法、数据处理方法等方面的创新研究工作，不断提升测土配方施肥技术水平。

三、配方肥料的合理施用

在养分需求与供应平衡的基础上，坚持有机肥料与无机肥料相结合，坚持大量元素与中量元素、微量元素相结合，坚持基肥与追肥相结合，坚持施肥与其他措施相结合。在确定肥料用量和肥料配方后，合理施肥的重点是选择肥料种类、确定施肥时期和施肥方法等。

（一）配方肥料种类

根据土壤性状、肥料特性、作物营养特性、肥料资源等综合因素确定肥料种类，可选用单质或复混肥料自行配制配方肥料，也可直接购买配方肥料。

（二）施肥时期

根据肥料性质和植物营养特性，适时施肥。植物生长旺盛和吸收养分的关键时期应重点施肥，有灌溉条件的地区应分期施肥。对作物不同时期的氮肥推荐量的确定，有条件区域应建立并采用实时监控技术。

（三）施肥方法

常用的施肥方式有撒施后耕翻、条施、穴施等。应根据作物种类、栽培方式、肥料性质等选择适宜施肥方法。例如，氮肥应深施覆土，施肥后灌水量不能过大，否则造成氮素淋洗损失；水溶性磷肥应集中施用，难溶性磷肥应分层施用或与有机肥料堆沤后施用；有机肥料要经腐熟后施用，并深翻入土。

第二章 肥料的种类、性质及施用方法

第一节 氮 肥

氮肥：是指具有氮（N）标明量，并提供植物氮素营养的单元肥料。氮肥的主要作用：一是提高生物总量和经济产量。施用氮肥有明显的增产效果，在增加作物产量的作用中氮肥所占份额在磷肥（P）、钾肥（K）等肥料之上。二是改善农作物的营养价值，特别是能增加种子中蛋白质含量，提高食品的营养价值。

氮肥品种：常用的氮肥品种可分为铵态、硝态、铵态硝态和酰胺态氮肥4种类型，各类氮肥主要品种如下。

铵态氮肥：有硫酸铵、氯化铵、碳酸氢铵、氨水和液体氨；

硝态氮肥：有硝酸钠、硝酸钙；

铵态硝态氮肥：有硝酸铵、硝酸铵钙和硫硝酸铵；

酰胺态氮肥：有尿素、氰氨化钙（石灰氮）。

合理施用氮肥要注意以下几点。

①根据各种氮肥特性加以区别对待。碳酸氢铵和氨水易挥发，宜作基肥深施；硝态氮肥在土壤中移动性强，肥效快，是旱田的良好追肥；一般水田作追肥可用铵态氮肥或尿素。有些肥料对种子有毒害，如尿素、碳酸氢铵、氨水、石灰氮等，不宜做种肥；硫酸铵等尽管可作种肥，但用量不宜过多，并且肥料与种子间最好有土壤隔离。在雨量偏少的干旱地区，硝态氮肥的淋湿问题不突出，因此，以施用硝态氮肥较合适，在多雨地区或降雨季节，以施用铵态氮肥和尿素较好。

②氮肥深施。氮肥深施可以减少肥料的直接挥发、随水流失、硝化脱氮等方面的损失。深层施肥还有利于根系发育，使根系深扎，扩大营养面积。

③合理配施其他肥料。氮肥与有机肥配合施用对夺取作物高产、稳产，降低成本具有重要作用，这样做不仅可以更好地满足作物对养分的需要，而且还可以培肥地力。氮肥与磷肥配合施用，可提高氮磷两种养分的利用效果，尤其在土壤肥力较低的土壤上，氮磷肥配合施用效果更好。在有效钾含量不足的土壤上，氮肥与钾肥配合使用，也能提高氮肥的效果。

④根据作物的目标产量和土壤的供氮能力，确定氮肥的合理用量，并且合理掌握基、追肥比例及施用时期，这要因具体作物而定，并与灌溉、耕作等栽培措施相结合。

一、碳酸氢铵

（一）碳酸氢铵的性质

简称碳铵，含 N17% 左右。是固体氮肥中含氮量较低的品种。纯品为白色粉末状结晶体，有氨味，易分解，吸湿性强，易结块，较易溶于水。碳铵是一种不稳定的化合物，易分解为氨、二氧化碳，造成氮素损失。碳铵为生理中性速效性氮肥。执行标准 GB 3559—2001（表 2-1）。

表 2-1　农业用碳酸氢铵的技术指标　　　　　　　　（单位:%）

项目	碳酸氢铵			干碳酸氢铵
	优等品	一等品	合格品	
外观	白色或浅色结晶	白色或浅色结晶	白色或浅色结晶	白色或浅色结晶
氮（N）≥	17.2	17.1	16.8	17.5
水分（H$_2$O）≤	3.0	3.5	5.0	0.5

注：优等品和一等品必须含有添加剂，以保证碳酸氢铵具有良好的物理性能，使用方便

（二）碳酸氢铵的鉴别

①看形状：碳酸氢铵为结晶小颗粒。

②看颜色：优等品和一等品的碳酸氢铵一般呈白颜色，部分合格品的碳酸氢铵呈微黄色；长效碳酸氢铵呈现灰色、灰白色等。

③闻气味：碳酸氢铵有特殊的刺鼻氨味。

④观察水溶性：利用白瓷碗或透明的玻璃杯，向其中加入清水，向里面加入少量碳酸氢铵，搅拌，观察溶解情况，合格品的碳酸氢铵应该能溶解于水。

⑤检查pH值：利用pH广泛试纸（这种试纸比较便宜）检查溶解后的碳酸氢铵水溶液，pH试纸应该呈现深蓝色或蓝黑色。

⑥铁片灼烧：将铁片烧红，取少量碳酸氢铵放在铁片上观察，没有熔融过程，直接分解，铁片上没有残留物，有强烈氨味的白烟。

（三）碳酸氢铵的施用与贮存

碳酸氢铵适用于各种作物和土壤，长期施用不会影响土质。

1. 作基肥

可沟施或穴施。若能结合耕翻深施，效果会更好。施用深度要大于6cm（砂质土壤可更深些），且施入后要立即覆土，只有这样才能减少氮素的损失。

2. 作追肥

旱田可结合中耕，要深施6cm以下，并立即覆土，还要及时浇水。水田要保持3cm左右的浅水层，但不要过浅，否则容易伤根，施后要及时进行耕耙，以便使肥料被土壤很好地吸收。

3. 施用注意事项

①不能与碱性肥料混合施用，以防止氨挥发，造成氮素损失。②土壤干旱或墒情不足时，不宜施用。③施用时勿与作物种子、根、茎、叶接触，以免灼伤植物。④不宜做种肥，否则可能影响种子发芽。⑤无论作基肥或追肥，切忌在土壤表面撒施，以防氮挥发，造成氮素损失或熏伤作物。追肥时不要在刚下雨后或者在露水还未干前撒施。

4. 贮存

碳酸氢铵在搬运过程中注意轻搬轻放、防止包装袋破裂。在运输与贮存中应注意防潮、防晒、防雨并贮于低温处。不能将产品堆放在日晒或环境潮湿的地方。

二、氯化铵

（一）氯化铵的性质

氯化铵含N25%，纯品为白色或略带黄色的方形或八面体小结晶。从表面看与食盐非常相似。氯化铵吸湿性比硫酸铵大，比硝酸铵小，不易结块，易溶于水，为生理酸性速效氮肥，执行标准GB 2946—1992（表2-2）。

表 2-2　氯化铵的技术指标　　　　　　　　　　　　（单位:%）

指标名称		优等品	一等品	合格品
氮（N）含量（以干基计）	≥	25.4	25.0	25.0
水分①	≤	0.5	0.7	1.0
钠盐含量（以 Na 计）	≤	0.8	1.0	1.4
粒度②（1.0～4.0mm 颗粒）	≥	75	—	—
松散度②③（孔径 5.0mm）	≥	75	—	—

注：① 水分为出厂检验结果。结晶状产品必须添加防结块剂。② 结晶状产品不控制粒度、松散度两项指标。③ 松散度为监督抽检项目。每 7 天测定一次，均以出厂检验结果为准，但生产厂必须保证每批出厂产品合格

（二）氯化铵的鉴别

①看形状：氯化铵为细小块状或结晶的小颗粒。

②看颜色：氯化铵一般呈白色或微黄色。

③闻气味：氯化铵一般没有气味，个别产品因为含有微量碳酸氢铵而有氨气味，但是氨味远弱于碳酸氢铵。

④观察溶解情况：利用白瓷碗或透明的玻璃杯，其中加入清水，加入少量氯化铵，搅拌，观察溶解情况，合格品的氯化铵应该能完全溶解于水中。

⑤测量 pH 值：将 pH 试纸插入氯化铵溶液中，试纸呈现微红色。

⑥铁片灼烧：把铁片烧红后，将少量氯化铵放在其上，能发现肥料迅速消失，放出白色浓烟，并能闻到氨味和盐酸味，融化完后铁板上无残烬。

（三）氯化铵的施用与贮存

氯化铵适于粮食作物等，也适于酸性土壤和石灰性土壤。

1. 作基肥

氯化铵作基肥施用后，应及时浇水，以便将肥料中的氯离子淋洗至土壤下层，减小对作物的不利影响。

2. 作追肥

适宜作追肥，作为追肥时要掌握小量多次的原则。

3. 施用注意事项

①不能用于烟草、甘蔗、甜菜、茶树、马铃薯等忌氯作物。西瓜、葡萄等作物也不易长期使用。②不能用于排水不利的盐碱地上，以防止加重土壤盐害。③氯化铵不适于干旱少雨地区，最适用于水田。④不宜

用作种肥和秧田肥。因为氯化铵在土壤中会生成水溶性氯化物,影响种子的发芽和幼苗生长。

4．贮存

农用氯化铵在贮运过程中应保持干燥,避免雨淋受潮、阳光直晒,并避免与碱、酸类物品存放一处。贮存时应注意保持仓库的通风干燥,阴凉低温。

三、硫酸铵

(一) 硫酸铵的性质

硫酸铵含氮量21%,简称硫铵。纯品为白色晶体,含少量杂质时呈微黄色。易溶于水,吸湿性小,不易结块,物理性状良好,化学性质稳定,常温下无挥发,不分解。执行标准GB 535—1995(表2-3)。

表2-3 硫酸铵的技术指标 (单位:%)

项目		指标		
		优等品	一等品	合格品
外观		白色结晶,无可见机械杂质	无可见机械杂质	无可见机械杂质
氮(N)含量(以干基计)	≥	21.0	21.0	20.5
水分(H_2O)	≤	0.2	0.3	1.0
游离酸(H_2SO_4)含量	≤	0.03	0.05	0.2
铁(Fe)含量	≤	0.007	—	—
砷(As)含量	≤	0.00005	—	—
重金属(以Pb计)含量	≤	0.005	—	—
水不溶物含量	≤	0.01	—	—

注:硫酸铵作农业用时可不检验铁、砷、重金属和水不溶物含量等指标

(二) 硫酸铵的鉴别

①看形状:硫酸铵为结晶小颗粒。

②看颜色:优等品的硫酸铵呈白色,一等品和合格品的硫酸铵可以为白色、灰色、粉红色等颜色。

③闻气味:硫酸铵基本上没有气味。

④观察溶解现象:利用玻璃杯或白瓷碗,向其中加入清水,然后取少量硫酸铵加入,搅动或摇晃,可以发现硫酸铵能完全溶解于水中。

⑤测量 pH 值：将 pH 试纸插入硫酸铵溶液中，试纸呈现微红色。

⑥观察铁片灼烧现象：把铁片烧红后，将少量硫酸铵放在铁片上，能够发现肥料逐渐融化，并发出白色烟雾和刺鼻的氨味，融化完后铁板上留有残烬，但是不会发生燃烧现象。

（三）硫酸铵的施用与贮存

硫酸铵为生理酸性速效氮肥，一般比较适用于小麦、玉米、水稻、棉花、甘薯、麻类、果树、蔬菜等作物。对于土壤而言，硫酸铵最适于中性土壤和碱性土壤，而不适于酸性土壤。

1. 作基肥

硫酸铵作基肥时要深施覆土，以利于作物吸收。

2. 作追肥

这是最适宜的施用方法，根据不同土壤类型确定硫酸铵的追肥用量。对保水保肥性能差的土壤，要分期追肥，每次用量不宜过多；对保水保肥性能好的土壤，每次用量可适当多些。土壤水分多少也对肥效有较大的影响，特别是旱地，施用硫酸铵时一定要注意适时浇水。水田作追肥时，则应先排水落干，并且要注意结合耕耙同时施用。此外，不同作物施用硫酸铵时也存在明显的差异，如用于果树时，可开沟条施、环施或穴施。

3. 作种肥

硫酸铵对种子发芽无不良影响，可用做种肥。

4. 施用注意事项

①不能将硫酸铵与其他碱性肥料或碱性物质接触或混合施用，以防降低肥效。②不宜在同一块耕地上长期施用硫酸铵，否则土壤会变酸造成板结。如确需施用时，可适量配合施用一些石灰或有机肥。但必须注意硫酸铵和石灰不能混施，以防止硫酸铵分解，造成氮素损失。一般两者的配合施用要相隔 3～5 天。③硫酸铵不适于在酸性土壤上施用。

5. 贮存

硫酸铵在运输过程中应防潮和防包装袋破损，在贮存时应注意地面平整，库房内阴凉、通风干燥，严禁与石灰、水泥、草木灰等碱性物质接触或同库存放，包装袋堆置高度应小于 7m。

四、尿素

（一）尿素的性质

尿素含氮 46%，目前是固体氮肥中含氮量最高的品种。纯品为白色或略带黄色的结晶体或小颗粒，吸湿性较小，易溶于水，为生理中性氮肥。执行标准 GB 2440—2001（表2-4）。

表 2-4 农业用尿素的技术指标　　　　　　　　（单位：%）

项目		优等品	一等品	合格品
外观		白色或浅色颗粒状	白色或浅色颗粒状	白色或浅色颗粒状
总氮（N）（以干基计） ≥		46.4	46.2	46.0
缩二脲 ≤		0.9	1.0	1.5
水分 ≤		0.4	0.5	1.0
亚甲基二脲（以 HCHO 计）[①] ≤		0.6	0.6	0.6
粒[②]度(d)	0.85～2.80mm ≥	93	90	90
	1.18～3.35mm ≥			
	2.00～4.75mm ≥			
	4.00～8.00mm ≥			

注：①若在尿素生产工艺中不加甲醛，可不做亚甲基二脲含量的测定。②指标中粒度项只需符合四档中任一档即可，包装标志中应注明

（二）尿素的鉴别

①看形状：尿素为颗粒状，分大颗粒和小颗粒两种。

②看颜色：尿素颗粒一般呈无色透明状，含有杂质的呈微黄色。

③闻气味：尿素本身没有任何气味。

④观察溶解情况：尿素很容易溶解于水，水溶液的pH呈中性。

⑤观察潮解情况：尿素很容易吸湿，放在空气中12小时以上，尿素颗粒就可能溶化。

⑥观察铁片灼烧：把铁片烧红后，将少量的尿素颗粒放在其上，肥料边融化边冒白烟，并放出刺激性氨味，融化后铁板上无残留物。

（三）尿素的施用与贮存

尿素养分含量较高，适用于各种土壤和多种作物，尿素适宜作基肥、追肥，最适合作追肥，特别是根外追肥效果好。

1. 作基肥、追肥

尿素施入土壤，只有在转化成碳酸氢铵后才能被作物大量吸收利用。由于存在转化的过程，因此肥效较慢，一般要提前4～6天施用。同时还要求深施覆土，施后也不要立即灌水，以防氮素淋至深层，降低肥效。

2. 作根外追肥

作根外追肥时，尤其是叶面喷施，对尿素中的营养成分吸收很快，利用率也高，增产效果明显。喷施尿素时，对浓度要求较为严格，一般禾本科作物的浓度为 1.5%～2%，果树为 0.5% 左右，露地蔬菜为 0.5%～1.5%，温室蔬菜在 0.2%～0.3%。对于生长盛期的作物，或者是成年的果树，施用尿素的浓度可适当提高。

3. 施用注意事项

①一般不直接作种肥。因为尿素中含有少量的缩二脲，缩二脲对种子的发芽和生长均有害。如果作种肥时，可将种子和尿素分开下地，切不可用尿素浸种或拌种。②当缩二脲含量高于 0.5% 时，不可用作根外追肥。③尿素转化成碳酸氢铵后，在石灰性土壤上易分解挥发，造成氮素损失，因此，要深施覆土。

4. 贮存

尿素应贮存于场地平整、阴凉、通风干燥的仓库内，包装袋应堆放整齐，堆放高度应小于 7m。尿素运输和贮存过程中应注意防雨、防晒。

五、硝酸铵

（一）硝酸铵的性质

硝酸铵含 N34%，简称硝铵。纯品为白色或淡黄色球形颗粒状或结晶细粒状，含氮量高。其中，铵态氮和硝态氮各占 1/2，兼有两种形态氮肥的特性。易溶于水，为生理中性速效性氮肥。因为具有吸湿性极强以及易燃、易爆等硝态氮肥的特性，因此，常把硝铵归入硝态氮肥。执行标准 GB 2945—1989（表 2-5）。

表 2-5　农业用结晶状硝酸铵的技术指标　　　　　（单位:%）

项目		优等品	一等品	合格品
总氮含量（以干基计）	≥	34.6	34.6	34.6
游离水含量*	≤	0.3	0.5	0.7
酸度		甲基橙指示剂不显红色		

注：水分以出厂检验结果为准

（二）硝酸铵的鉴别

①看形状：硝酸铵呈结晶状和颗粒状两种不同形态。

②看颜色：硝酸铵外观呈白色或浅黄色，没有肉眼可见的机械杂质。

③闻气味：硝酸铵如果保存得好应该没有任何气味。

④观察潮解情况：将少量硝酸铵放在干净的瓷碗里，观察潮解情况。如果天气潮湿，肥料会很快化成水，在湿度不大的情况下，存放12小时以上也可能化成水。

⑤观察溶解情况：利用无色透明的玻璃杯或白瓷碗，向其中加入清水，加入少量硝酸铵，进行搅动，能够发现硝酸铵很快溶解于水。

⑥观察pH值：将pH试纸插入硝酸铵溶液中，发现试纸变红，说明溶液呈微酸性。

⑦观察铁片灼烧反应：把铁片烧红后，将少量硝酸铵放在上面，能发现硝酸铵边燃烧，边冒出白色烟雾，并放出刺激性氨味，融化后铁板上无残余物。

（三）硝酸铵的施用与贮存

硝酸铵适于多种类型土壤和作物。

1. 作追肥

硝酸铵可以作追肥。但不宜作基肥，因为硝酸铵施入土壤后，解离成的硝酸根离子容易随水分淋失。硝酸铵也不宜作种肥，因其养分含量较高，吸湿性强，与种子接触会影响发芽。水田施用硝酸铵，氮素易淋失，肥效不如等氮量的其他氮肥。硝酸铵最为适宜作追肥，而且最适用于旱田的追肥，用量可根据地力和产量指标来定。

2. 施用注意事项

①不能与酸性肥料（如过磷酸钙）和碱性肥料（如草木灰等）混合施用，以防降低肥效。②在施用时如遇结块，应轻轻地用木棍碾碎，不可猛砸，以防爆炸。

3. 贮存

①硝酸铵是炸药成分之一，应避免与金属性粉末、油类、有机物质、木屑等易燃、易爆的物品混合贮运。硝酸铵可装在清洁干燥有篷布或带有盖的交通工具内运输。②硝酸铵不能与石灰氮、草木灰等碱性肥料混合贮存。仓库应保持通风干燥、防止受雨雪和地面湿气影响，同时，避免阳光直射。③在搬运和堆垛时，轻拿轻放，垛与垛、垛与墙之间应保持0.7~0.8m，以利于热的扩散。

第二节 磷 肥

磷肥：具有磷（P）的标明量，以提供植物磷养分为其主要功效的单元肥料。磷是组成细胞核、原生质的重要元素，是核酸及核苷酸的组成部分。作物体内磷脂、酶类和植素中均含有磷，磷参与构成生物膜及碳水化合物，含氮物质和脂肪的合成、分解和运转等代谢过程，是作物生长发育必不可少的养分。合理施用磷肥，可增加作物产量，改善产品品质，加速谷类作物分蘖，促进幼穗分化、灌浆和籽粒饱满，促进早熟；还能促使瓜类、茄果类蔬菜及果树等作物的花芽分化和开花结实，提高结果率，增加浆果、甜菜、西瓜等的糖分、薯类作物薯块中的淀粉含量、油料作物籽粒含油量以及豆科作物种子蛋白质含量；在栽种豆科绿肥时，施用适量的磷肥能明显提高绿肥鲜草产量，使根瘤菌固氮量增多，达到通常称之为"以磷增氮"的目的。此外，施磷还能提高作物抗旱、抗寒和抗盐碱等抗逆性。

常用磷肥品种有水溶性磷肥、混溶性磷肥、枸溶性磷肥、难溶性磷肥，不同磷肥品种特性如下：

水溶性磷肥：主要有普通过磷酸钙，重过磷酸钙和磷酸铵（磷酸一铵、磷酸二铵），适合于各种土壤，各种作物，但最好用于中性或石灰性土壤。其中磷酸铵为氮磷二元复合肥料，最适在旱地施用，且磷含量高，在施用时，除豆科作物外，大多数作物直接施用必须配施氮肥，调整氮、磷比例，否则会造成浪费或氮、磷比例失调造成减产。

混溶性磷肥：指硝酸磷肥，也是一种氮磷二元复合肥料，最适宜在旱地施用，在水田和酸性土壤中施用易引起脱氮损失。

枸溶性磷肥：包括钙镁磷肥、磷酸氢钙、沉淀磷肥和钢渣磷肥。这类磷肥不溶于水，但在土壤中被弱酸溶解，然后被作物吸收利用，而在石灰性碱性土壤中，与土壤的钙结合，向难溶性的磷酸盐方向转化，降低磷的有效性，因此，适用酸性土壤中施用。

难溶性的磷肥：磷矿粉、骨粉等，只溶于强酸，不溶于水，施入土壤后，主要靠土壤中的酸使它慢慢溶解，才能变作物能利用的形态，肥效很慢，但是后效很长，适用于酸性土壤中作基肥，也可与有机肥料堆腐或与化学酸性、生理酸性肥料配合施用，效果较好。

合理施用磷肥品种要注意以下几点。

①根据土壤供磷能力，掌握合理的磷肥用量。土壤速效磷的含量是决定磷肥肥效的主要因素，一般土壤速效磷小于5mg/kg时，为严重缺磷，氮、磷肥施用比例应为1:1左右。速效磷在5～10mg/kg时，为中度缺磷，氮、磷肥施用比例在1:0.5左右。当速效磷为10～15mg/kg时，为轻度缺磷，可以少施或隔年施用磷肥。当速效磷大于15mg/kg

时,视为暂不缺磷,可以暂不施用磷肥。

②掌握磷肥在作物轮作中的合理分配。水田轮作时,如稻稻连作,在较缺磷的水田,早、晚稻磷肥的分配比例以 2∶1 为宜;在不太缺磷的水田,磷肥可全部施在早稻上。在水旱稻轮作时,磷肥应首先施于旱作。在旱地轮作时,由于冬、秋季温度低,土壤磷素释放少,而夏季温度高,土壤磷素释放多,故磷肥应重点用于秋播作物上。如小麦、玉米轮作时,磷肥主要投入在小麦上作基肥,玉米利用其后效。豆科作物与粮食作物轮作时,磷肥重施于豆科作物上,以促进其固氮作用,达到以磷增氮的目的。

③掌握合理施用方法。磷肥施入土壤后易被土壤固定,且磷肥在土壤中的移动性差,这些都是导致磷肥当季利用率低的原因。为提高其肥效,旱地可用开沟条施、刨窝穴施;水田可用蘸秧根、塞秧蔸等集中施用的方法。同时注意在基施时上下分层施用,以满足作物苗期和中后期对磷的需求。

④配合施用有机肥、氮肥、钾肥等。与有机肥堆沤后再施用,能显著地提高磷肥的肥效。但与氮肥、钾肥等配合施用时,应掌握合理的配比,具体比例要根据对土壤中 N、P、K 等的化验结果及作物的种类确定。

一、过磷酸钙

(一) 过磷酸钙的性质

简称普钙,有效磷含量差异很大,一般 12%~18%,纯品为深灰色或灰白色粉末,稍有酸味,易吸湿、易结块,有腐蚀性,易溶于水,为酸性速效磷肥,是应用比较普遍的一种磷肥。实行生产许可证管理制度。执行标准 HG 2740—1995(表 2-6)。

表 2-6 过磷酸钙的技术指标 (单位:%)

项目	指标			
	优等品	一等品	合格品	
			I	II
有效五氧化二磷(P_2O_5)含量 ≥	18.0	16.0	14.0	12.0
游离酸(以 P_2O_5 计)含量 ≤	5.0	5.5	5.5	5.5
水分(H_2O) ≤	12.0	14.0	14.0	15.0

（二）过磷酸钙的鉴别

①看形状：一般为粉末状，很少一部分为颗粒状。

②看颜色：一般呈现灰白色、深灰色、灰褐色和浅黄色。

③闻味道：用手指捻一捻肥料，手指感觉发涩，用鼻子闻时，能闻到过磷酸钙散发出酸味。

④观察溶解情况：向透明的玻璃杯或白瓷碗中加入清水，取少量过磷酸钙倒入，搅拌1分钟，然后静置5分钟，观察肥料的溶解情况，过磷酸钙肥料有一部分能溶于水中，另有一半沉淀于杯底。

⑤检查pH值：取一张pH试纸，插入过磷酸钙上清液中，取出，检查pH试纸的颜色，过磷酸钙水溶液成酸性，试纸变红色。

⑥在选购过磷酸钙时，要注意查看包装袋上是否有生产许可证号，并尽可能选购正规企业的产品。

（三）过磷酸钙的施用与贮存

过磷酸钙适用于多种作物和多种土壤。可将它施在中性、石灰性缺磷土壤上，以防止固定。它既可以作基肥、追肥，又可以作种肥和根外追肥。

1. 作基肥

对缺少速效磷的土壤，每公顷施用量可在750kg左右，耕地之前均匀撒施一半，结合耕地作基肥。播种前，再均匀撒施另一半，结合整地浅施入土，做到分层施磷。这样，过磷酸钙的肥料效果就比较好，其有效成分的利用率也高。如与有机肥混合作基肥时，过磷酸钙的每亩施用量应在20～25kg。也可采用沟施、穴施等集中施用方法。

2. 作追肥

每亩的用量可控制在20～30kg，需要注意的是，一定要早施、深施，施到根系密集土层处。否则，过磷酸钙的效果就会不佳。若作种肥，过磷酸钙每亩用量应控制在10kg左右。

3. 作根外追肥

适宜在作物开花前后叶面喷施过磷酸钙溶液，喷施浓度为1％～3％。

4. 施用注意事项

①主要用在缺磷的地块，以利于发挥磷肥的增产潜力。②施用要适量，如果连年大量施用过磷酸钙，则会降低磷肥的效果。③不能与碱性肥料混合施用，以防酸碱中和降低肥效。④使用时过磷酸钙要碾碎过筛，否则会影响均匀度并会影响到肥料的效果。

5. 贮存

磷酸钙在贮存和运输过程中应注意防潮、防晒和防包装袋破损。

二、重过磷酸钙

(一) 重过磷酸钙的性质

简称重钙,含有效磷 40%~50%,是一种高浓度磷肥。纯品为浅灰色颗粒或粉末状,带有酸味,粉末状易吸湿,易结块,有腐蚀性,多制作成颗粒状,不易吸湿,不易结块。易溶于水,为酸性速溶磷肥。执行标准 HG/T 2219—1991 (表 2-7)。

表 2-7 颗粒状重过磷酸钙的技术指标 (单位:%)

项目		指标		
		优等品	一等品	合格品
总磷 (P_2O_5) 含量	≥	47.0	44.0	40.0
有效磷 (P_2O_5) 含量	≥	46.0	42.0	38.0
游离酸 (以 P_2O_5 计) 含量	≤	4.5	5.0	5.0
游离水分	≤	3.5	4.0	5.0
粒度 (1.0~4.0mm 颗粒)	≥	90	90	85
颗粒平均抗压强度,N	≥	12	10	8

(二) 重过磷酸钙的鉴别

①看形状:有的为粉末状,有的为颗粒状。

②看颜色:一般呈现灰白色、深灰色、灰褐色或浅黄色。

③闻味道:用手指捻一捻肥料,手指感觉发涩。用鼻子闻时,能闻到过磷酸钙散发出的酸味。

④观察溶解情况:向透明的玻璃杯或白瓷碗中加入清水,取少量重过磷酸钙倒入,搅拌 1 分钟,静置 5 分钟,观察肥料的溶解情况,重过磷酸钙大部分能溶于水中,有一小部分沉淀于杯底 (这是与普通过磷酸钙的差别)。

⑤检查 pH 值:取一张 pH 试纸,插入重过磷酸钙的上清液中,取出,检查 pH 试纸的颜色,水溶液呈酸性,试纸变为红色。

(三) 重过磷酸钙的施用与贮存

①重过磷酸钙适用于各种作物和各类土壤。施用方法与过磷酸钙相同。由于重钙含磷量比较高,因而它的施用量比过磷酸钙要少。因为重

过磷酸钙中不含具有硫成分的石膏，所以对喜硫作物，如马铃薯、豆科及十字花科作物等的施用效果在等磷条件下不及过磷酸钙。重过磷酸钙易溶于水，为酸性速效磷肥。由于这种肥料施入土壤后，固定比较强烈，所以目前世界上生产量和使用量都比较少。

②重过磷酸钙施用中应注意事项与过磷酸钙相同。需要注意的是重过磷酸钙不宜用来蘸秧根，也不宜用来拌种。对于酸性土壤而言，施用前几天最好普施一次石灰。

③重过磷酸钙的贮存：重过磷酸钙在贮存和运输过程中，应注意防潮、防晒和包装袋破损。

三、钙镁磷肥

（一）钙镁磷肥的性质

钙镁磷肥的外观为灰白、黑绿或棕色玻璃状细粉。由于产地不同，产品规格相差较大，一般磷（P_2O_5）的含量在 14%～20%，氧化钙（CaO）的含量在 25%～40%。是一种以含磷为主，同时含有钙、镁、硅等成分的多元肥料。钙镁磷肥不溶于水，无毒，无腐蚀性，不易吸湿，不易结块，为化学碱性肥料。实行生产许可制度，执行标准 HG 2557—1994（表 2-8）。

表 2-8　钙镁磷肥的技术指标　（单位：%）

项目	指标		
	优等品	一等品	合格品
有效五氧化二磷（P_2O_5）含量 ≥	18.0	15.0	12.0
水分含量 ≤	0.5	0.5	0.5
碱分（以 CaO 计）含量 ≥	45.0	—	—
可溶性硅（SiO_2）含量 ≥	20.0	—	—
有效镁（MgO）含量 ≥	12.0	—	—
细度：通过 250μm 标准筛 ≥	80	80	80

＊注：优等品中碱分、可溶性硅和有效镁含量如用户没有要求，生产厂可不做检

（二）钙镁磷肥的鉴别

①看形状：一般为粉末状。

②看颜色：一般为暗绿色、灰褐色、灰黑色、灰白色等。

③闻味道：没有任何味道。

④观察溶解情况：向透明的玻璃杯或白瓷碗中加入清水，取少量钙镁磷肥倒入，搅拌1分钟，静置5分钟，观察肥料的溶解情况，钙镁磷肥全部沉淀于杯底。

⑤检查 pH 值：取一张 pH 试纸，插入钙镁磷肥上清液中，取出检查 pH 试纸的颜色，钙镁磷肥的水溶液呈碱性，试纸变为蓝（紫）色。

⑥在选购钙镁磷肥时，应注意包装袋上是否标注生产许可证号，并尽可能选购正规企业的产品。

(三) 钙镁磷肥的施用与贮存

钙镁磷肥广泛适用于各种作物和缺磷的酸性土壤，特别适用于南方钙镁淋溶较严重的酸性红壤。

1. 做基肥

最适合于作基肥深施，钙镁磷肥施入土壤后，其中磷只能被弱酸溶解，要经过一定的转化过程，才能被作物利用，所以肥效较慢，属缓效肥料。一般要结合深耕，将肥料均匀施入土壤，使它与土层混合，以利于溶解及作物的吸收。也可与10倍以上的优质有机肥混拌堆沤1个月以上，沤制好的肥料用作基肥（也可用作种肥、蘸秧根）。钙镁磷肥一般每亩用量要控制在15~20kg，通常每亩施钙镁磷肥35~40kg 时，可隔年施用。

2. 蘸秧根

南方水田可用来蘸秧根，每亩用量在 10kg 左右，对秧苗无伤害，效果也比较好。

3. 施用注意事项

①钙镁磷肥与普钙、氮肥配合施用效果比较好，但不能与它们混施。②钙镁磷肥通常不能与酸性肥料混合施用，否则会降低肥料的效果。③钙镁磷肥最适合于对枸溶性磷吸收能力强的作物，如油菜、萝卜、豆科作物和瓜类等作物上。水稻田缺硅时，施用钙镁磷肥效果也好。

4. 贮存

钙镁磷肥贮存时应保持仓库的阴凉、通风干燥，堆置高度应小于7m。

第三节 钾 肥

钾肥指具有钾（K）标明量的单元肥料，钾是植物营养三要素之一。与氮、磷元素不同,钾在植物体内呈离子态,具有高度的渗透性、流动性和再利用的特点。钾在植物体中对60多种酶体系的活化起着关键作用,对光合作用也起着积极的作用。钾素营养好的植物,能调节单位叶面积的气孔数和气孔大小,促进二氧化碳(CO_2)和来自叶组织的氧(O_2)的交换;供钾量充足,能加快作物导管和筛管的运输速率,并促进作物多种代谢过程。

钾元素被称为"品质元素"。它对作物产品质量的作用主要有:①能促进作物较好地利用氮,增加蛋白质的含量。②使核仁、种子、水果和块茎、块根增大,形状和色泽美观。③提高油料作物的含油量,增加果实中维生素C的含量。④加速水果、蔬菜和其他作物的成熟,使成熟期趋于一致。⑤增强产品抗碰伤和自然腐烂能力,延长贮运期限。⑥增加棉花、麻类作物纤维的强度、长度和细度及色泽纯度。⑦钾还可以提高作物抗逆性,如抗旱、抗寒、抗倒伏、抗病虫害侵蚀的能力。

钾肥的品种较少,常用的只有氯化钾和硫酸钾,其次是钾镁肥。草木灰中含有较多的钾,常把草木灰当做钾肥施用。另外,还将少量窑灰钾作为钾肥施用。

要掌握钾肥的正确施用方法,应注意以下4个方面。

①因土施用。钾肥应首先投放在土壤严重缺钾的区域。一般土壤速效钾低于80mg/kg时,钾肥效果明显,要增施钾肥;土壤速效钾在80~120mg/kg时,暂不施钾。从土壤质地看,砂质土壤速效钾含量往往较低,应增施钾肥。黏质土壤速效钾含量往往较高,可少施或不施。缺钾又缺硫的土壤可施硫酸钾,盐碱地不宜施氯化钾。在多雨地区或具有灌溉条件,排水状况良好的地区大多数作物都可施用氯化钾。

②因作物施用。施于喜钾作物如豆科作物、薯类作物、甘蔗、棉麻、烟等经济作物以及禾谷类的玉米、杂交水稻等。在多雨地区或具有灌溉条件,排水状况良好的地区,大多数作物都可施用氯化钾,少数经济作物为改善品质,不宜施用氯化钾。应根据农业生产对产品性状的要求及其用途决定钾肥的合理施用。

③注意轮作施钾。在冬小麦、夏玉米轮作中,钾肥应优先施在玉米上。

④注意钾肥品种之间的合理搭配。对于烟草、糖类作物、果树应选用硫酸钾为好;对于纤维作物,氯化钾则比较适宜。由于硫酸钾成本偏高,在高效经济作物上可以选用硫酸钾;而对于一般的大田作物除少数对氯敏感的作物外,则宜用较便宜的氯化钾。

一、氯化钾

（一）氯化钾的性质

氯化钾含 K_2O 60%，纯品为白色、淡黄色、砖红色的结晶体。易溶于水，在水中的溶解度随着温度的升高不断增加。氯化钾呈现化学中性，生理酸性，为速效性钾肥。执行标准 GB 6549—1996（表 2-9）。

表 2-9 农业用氯化钾的技术指标　　　　　　（单位：%）

项目		指标		
		优等品	一等品	合格品
氧化钾（K_2O）含量（以干基计）	≥	60	57	54
水分（H_2O）	≤	6	6	6

（二）氯化钾的鉴别

①看外观：氯化钾为结晶体。

②看颜色：氯化钾有红色和白色两种，个别的氯化钾呈灰白色或浅黄色。

③观察水溶性：进行水溶性试验，观察溶解情况，氯化钾很容易溶解于水。

④观察吸湿性：在潮湿的天气条件下，将少量的氯化钾肥料放于碗中并暴露在空气中过夜，第二天早晨发现氯化钾已经化成水。

⑤测量 pH 值：将 pH 试纸插入氯化钾水溶液中，溶液成中性或微酸性，试纸颜色基本不变或微变红（这是区分氯化钾和硫酸钾的方法之一）。

⑥观察灼烧火焰的颜色：将少许氯化钾放在铁片上，将铁片倾斜，使肥料在酒精灯（或火）上燃烧，能观察到紫色火焰。

（三）氯化钾的施用与贮存

氯化钾适用于缺钾土壤及大田作物，也适用于中性石灰性缺钾土壤。

1. 作基肥、追肥

当用作基肥时，通常要在播种前 10~15 天，结合耕地将氯化钾施入土壤中。用作追肥时，一般要求在苗长大后再追施。施用时要掌握钾肥经济效益最大时的施用量，施用量控制在 7.5~10kg/亩。对于保肥、保水能力比较差的砂性土，则要遵循少量多次施用的原则。氯化钾无论用作基肥还是用作追肥,都应提早施用,以利于通过雨水或利用灌溉水,将氯离子淋洗至土壤下层,清除或减轻氯离子对作物的危害。氯化钾不宜作种肥。因为氯化钾肥料中含有大量的氯离子,会影响种子的发芽和幼苗的生长。

2. 氯化钾不宜用在"忌氯作物"上

在对氯敏感的作物上不宜施用,如烟草、甜菜、甘蔗、甘薯、马铃薯、葡萄、果树、茶树等。

3. 施用注意事项

①氯化钾与氮肥、磷肥配合施用,可以更好地发挥其肥效。②透水性差的盐碱地不宜施用氯化钾,否则会增加对土壤的盐害。③砂性土壤施用氯化钾时,要配合施用有机肥。④酸性土壤一般不宜施用氯化钾,如要施用,可配合施用石灰和有机肥。

4. 贮存

在氯化钾的贮存和运输过程中,应防止受潮和包装袋的破损。

二、硫酸钾

(一) 硫酸钾的性质

硫酸钾 K_2O 含量50%。白色或带灰黄色的结晶体,易溶于水,溶解度随温度上升而增大。吸湿性较低,不易结块,物理性状优于氯化钾。硫酸钾为化学中性、生理酸性肥料。执行标准 GB 20406—2006 (表2-10)。

表2-10 农业用硫酸钾的技术指标　　　　　　(单位:%)

项目		粉末状结晶			颗粒状		
		优等品	一等品	合格品	优等品	一等品	合格品
氧化钾(K_2O)含量	≥	50.0	50.0	45.0	50.0	50.0	40.0
氯(Cl)含量	≤	1.0	1.5	2.0	1.0	1.5	2.0
水分含量	≤	0.5	1.5	3.0	0.5	1.5	3.0
游离酸(H_2SO_4)含量	≤	1.0	1.5	2.0	1.0	1.5	2.0
粒度(粒径1.00~4.75mm 或3.35~5.60mm)	≥	—	—	—	90	90	90

(二) 硫酸钾的鉴别

①看外观:硫酸钾为结晶体形状。

②看颜色:硫酸钾一般呈现白颜色,也有的成灰黄色、灰绿色或浅

棕色。

③观察吸湿性：硫酸钾基本没有吸湿性，即使空气的湿度超过70%，硫酸钾仍然保持原来的性状（这是氯化钾和硫酸钾主要区别）。

④观察溶解情况：硫酸钾能够溶解，但溶解的速度比氯化钾慢，溶解的量也较氯化钾的小（这是氯化钾和硫酸钾区别之一）。

⑤观察火焰的颜色：利用氯化钾第一节中介绍的方法，观察硫酸钾的火焰颜色，硫酸钾在灼烧时有钾离子特有的紫色火焰。

⑥测量溶液 pH 值：将 pH 试纸插入硫酸钾水溶液中，优等品和一等品的硫酸钾溶液呈酸性，纸条颜色为红色；合格品的硫酸钾溶液呈碱性，纸条颜色为蓝色（这是区分氯化钾和硫酸钾的区别之一）。

（三）硫酸钾的施用与贮存

硫酸钾广泛适用于各类土壤和各种作物，特别是对氯敏感的作物。

1. 作基肥

旱田用硫酸钾作基肥时，一定要深施覆土，以减少钾的晶体固定，并利于作物根系吸收，提高利用率。

2. 作追肥

由于钾在土壤中移动性较小，应集中条施或穴施到根系较密集的土层，以促进吸收。砂性土壤常缺钾，宜作追肥以免淋失。

3. 作种肥和根外追肥

作种肥每亩用量 1.5～2.5kg，也可配制成 0.2%～0.3%的溶液，作根外追肥。

4. 施用注意事项

①对于水田等还原性较强的土壤，硫酸钾不及氯化钾，主要是易产生硫化氢毒害。酸性土壤宜配合施用石灰。②硫酸钾价格比较贵，在一般情况下，除对氯敏感的作物外，能用氯化钾的就可以不用硫酸钾。③对十字花科作物和大蒜等需硫较多的作物，效果较好，应优先调配使用。

5. 贮存

在硫酸钾运输和贮存过程中，应防止受潮和包装袋的破损。

第四节 中量元素肥料

中量元素肥料：是指钙、镁、硫、硅肥，中量元素是作物生长过程中需要量次于氮、磷、钾而高于微量元素的营养元素，占作物体的

0.1%~0.5%。这些元素在土壤中存量较多，同时，在施用大量元素时能够得到补充，一般情况下可满足作物的需求。但随着氮磷钾高浓度而不含中量元素的化肥的大量施用以及有机肥投入的减少，近年来在一些土壤和作物上中量元素缺乏的现象逐渐增加。应根据作物种类和土壤条件和环境等因素的不同合理施用不同中量元素肥料。

一、钙肥

（一）含钙肥料的种类及性质

作物吸收钙的数量小于钾大于镁，钙的主要营养功能是能够稳定细胞膜结构，保持细胞的完整性，有助于生物膜有选择性地吸收离子，稳固细胞壁，促进细胞伸长，增强植物对环境胁迫的抗逆能力，防止植物早衰，提高作物品质，促进根系生长。植物缺钙生长受阻，节间较短，较一般正常生长的植株矮小，而且组织柔软。缺钙植株的顶芽、侧芽、根尖等分生组织首先出现缺素症，易腐烂死亡，幼叶卷曲畸形，叶缘开始变黄并逐渐坏死。缺钙使甘蓝、白菜和莴苣等出现叶焦病，番茄、辣椒、西瓜等出现脐腐病，苹果出现苦痘病和水心病。施用钙肥可以补充土壤中的钙、调节土壤理化性质，改良土壤，防治作物的缺钙症状。

钙肥的主要品种有石灰、石膏、普通过磷酸钙、重过磷酸钙、钙镁磷肥等（表 2-11）。

表 2-11 主要含钙肥料及性质

品种	氧化钙（%）	其他成分（%）
生石灰（石灰石烧制）	84.0~96.0	
生石灰（牡蛎、蚌壳烧制）	50.0~53.0	
生石灰（白云岩烧制）	26.0~58.0	氧化镁（MgO）10~14
熟石灰（消石灰）	64.0~75.0	
石灰石粉（石灰石粉碎）	45.0~56.0	
生石膏（变通石膏）	26.0~32.6	硫（S）15~18
熟石膏（雪花石膏）	35.0~38.0	硫（S）20~22
磷石膏	20.8	磷（P_2O_5）0.7~3.7，硫（S）10~13
普通过磷酸钙	16.5~28.0	磷（P_2O_5）12~20
重过磷酸钙	19.6~20.0	磷（P_2O_5）40~54
钙镁磷肥	25.0~30.0	磷（P_2O_5）14~20，氧化镁（MgO）15~18

(续表)

品种	氧化钙（%）	其他成分（%）
钢渣磷肥	35.0~50.0	磷（P_2O_5）5~20
粉煤灰	2.5~46.0	磷（P_2O_5）0.1，钾（K_2O）1.2
草木灰	0.9~25.2	磷（P_2O_5）1.57 氮（N）0.93
骨　粉	26.0~27.0	磷（P_2O_5）20~35
氯化钙	47.3	
硝酸钙	26.6~34.2	氮（N）12~17
石灰氮	54.0	氮（N）20~21

（二）钙肥的施用方法

1. 石灰的施用

石灰可分为生石灰、熟石灰和石灰石粉，属强碱性。土壤施用石灰除补充作物钙外，对酸性土壤能调节土壤酸碱程度，改善土壤结构；促进土壤有益微生物的活动，加速有机质分解和养分释放；能减轻土壤中铁、铝离子对磷的固定，提高磷的有效性；石灰能杀死土壤中病菌和虫卵以及消灭杂草。石灰主要用于酸性土壤，可以作基肥，也可以作追肥。

①基肥：结合整地将石灰与农家肥一起施入，也可以结合绿肥压青和稻草还田进行。水稻秧田一般施 225~375kg/亩，本田施 750~1 500kg/亩，旱地施基肥 375~750kg/亩，用于改土施 2 250~3 750kg/亩。

②追肥：基肥未施石灰的可在作物生育期间追施，水稻可结合中耕施 375kg 左右，旱地可以条施或穴施，施 225kg 为宜。

③施用石灰应注意几点：首先石灰不宜使用过量，否则会加速有机质大量分解，使土壤肥力下降，并易引起土壤板结和结构破坏；其次石灰呈碱性，应施用均匀，以防止局部土壤碱性过大，影响作物生长，应避免与种子或根系接触；其三对小麦、大麦等不耐酸的作物可适当多施，豆类、甜菜、水稻等中等耐酸作物可以少施，马铃薯、烟草、茶树等耐酸强的作物，可以不施。石灰残效期有 2~3 年，一次施用量较多时，不要年年施用。

2. 石膏的施用

农用石膏有生石膏、熟石膏和磷石膏 3 种，呈酸性。主要用于碱性土壤，消除土壤碱性，起到改土和供给作物钙、硫营养的作用。石膏可以作基肥，作追肥，也可以作种肥等。

①作为改碱施用：宜作基肥，一般在土壤 pH 值 9 以上，含有碳酸钠的碱性土中施用石膏，施 1 500～3 000kg/亩，结合灌排深翻入土，后效长，不必年年都施。为提高改土效果应与种植绿肥或与农家肥和磷肥配合施用。

②作为钙、硫营养施用：水田作基肥或追肥用量 75～150kg/亩，蘸秧根用量 45kg/亩左右。旱地撒施于土表，再结合翻耕作基肥，基施用量 225～375kg/亩，也可以作为种肥条施或穴施，作种肥施 60～75kg/亩。

二、镁肥

（一）含镁肥料的种类及性质

镁对植物代谢和生长发育具有很重要的作用，主要作用在植物叶绿素合成、光合作用、蛋白质合成、酶的活化中。不同植物含镁量不同，豆科植物地上部分的含镁量是禾本科的 2～3 倍。植株缺镁叶绿素含量下降，出现失绿症，植株矮小，生长缓慢。双子叶植物缺镁叶脉间失绿，并逐渐由淡绿色转变为黄色或白色，还会出现大小不一的褐色或紫红色斑点或条纹，严重时出现叶片坏死。禾本科植物缺镁，叶基部叶绿素积累出现暗绿色斑点，其余部分淡黄色，严重时叶片退色而有条纹，特别典型是叶尖出现坏死斑点。缺镁首先表现在老叶上，得不到补充则发展到新叶。

镁肥的主要品种有硫酸镁、氯化镁、钙镁磷肥等（表 2-12）。

表 2-12　主要含镁肥料及性质

肥料名称	主要成分	含镁量（%）
硫酸镁	$MgSO_4 \cdot 7H_2O$	9.6～9.8
氯化镁	$MgCl_2$	25.6
碳酸镁	$MgCO_3$	28.8
硝酸镁	$Mg(NO_3)_2$	16.4
氧化镁	MgO	55.0
钾镁肥	$MgSO_4 \cdot KSO_4$	7～8
硫酸钾镁	$KSO_4 \cdot 2MgSO_4$	11.2
白云石粉	$CaCO_3 \cdot MgCO_3$	11～13
光卤石	$KCl \cdot MgCl_2 \cdot 6H_2O$	8.7

（二）镁肥的施用

①作基肥、追肥：做基肥要在耕地前与其他化肥或有机肥混合撒施或掺细土后单独撒施。做追肥要早施，采用沟施或对水冲施。硫酸镁的适宜用量为150～195kg/亩，折纯镁为15～22.5kg/亩；一次施足后，可隔几茬作物再施，不必每季作物都施。

②叶面喷施：在作物生长前期、中期进行叶面喷施。不同作物及同一作物的不同生育时期要求喷施的浓度往往不同，一般硫酸镁水溶液喷施浓度为：果树为0.5%～1.0%，蔬菜为0.2%～0.5%，大田作物如水稻、棉花、玉米为0.3%～0.8%，镁肥溶液喷施量为每亩50～150kg。

③镁肥施用注意事项：首先镁肥要用于缺镁的土壤。一般认为高度淋溶的土壤，pH值<6.5的酸性土壤，有机质含量低，阳离子代换量低，保肥性能差的土壤易缺镁。另外，因施肥不合理，长期过量施用氮肥、钾肥、钙肥的土壤，也会因离子间的拮抗而出现缺镁。镁肥要用于需镁较多的作物，需镁较多的作物，一是经济作物，如果树、蔬菜、棉花和叶用经济作物如桑树、茶树、烟草等；二是豆科作物大豆、花生等。施用镁肥要根据土壤酸碱度选用镁肥品种，对中性及碱性土壤，宜选用速效的生理酸性镁肥，如硫酸镁，对酸性土壤，宜选用缓效性的镁肥，如白云石、氧化镁等。

三、硫肥

（一）硫肥的种类及性质

硫的主要营养功能是在蛋白质合成和代谢、电子传递中有重要作用。缺硫植株蛋白质合成受阻导致失绿症，其外观症状与缺氮很相似，缺硫症状往往先出现于幼叶，而缺氮先发生在老叶。缺硫新叶失绿黄化，茎细弱，根细长而不分枝，开花结实推迟，果实减少。十字花科作物对缺硫十分敏感，四季萝卜常作为鉴定土壤硫营养状况的指示植物。豆科植物对缺硫敏感，苜蓿缺硫叶呈淡黄绿色，小叶比正常叶更直立，茎变红，分枝少，大豆缺硫新叶呈淡黄绿色，严重时整株黄化，植株矮小。小麦缺硫新叶脉间黄化，老叶仍保持绿色，缺硫使植物体内蛋白质含量降低，因此，降低了面粉的烘烤质量。

硫肥的主要品种有硫酸钙、硫酸铵、硫酸镁和硫酸钾，施用硫肥能够直接供应硫素营养，由于硫肥还含有其他成分，故还能提供钙、镁等其他营养元素（表2-13）。

表 2-13　主要含硫肥料及性质

肥料名称	主要成分	含 S 量（%）
石膏	$CaSO_4 \cdot 2H_2O$	18.6
硫黄	S	95～99
硫酸铵	$(NH_4)_2SO_4$	24.2
硫酸钾	K_2SO_4	17.6
硫酸镁（水镁矾）	Mg_2SO_4	13
硫硝酸铵	$(NH_4)_2SO_4 \cdot 2NH_4NO_3$	12.1
普通过磷酸钙	$Ca(H_2PO_4)_2 \cdot H_2O, CaSO_4$	13.9
青矾（硫酸铁）	$FeSO_4 \cdot 7H_2O$	11.5

（二）硫肥的施用

常用的硫肥品种可作基肥、追肥和种肥。一般因作物种类、土壤类型、施肥目的不同，硫肥施用数量、施用方法和施肥时期而异。作物在临近生殖生长期时是需硫高峰，因此，硫肥应该在生殖生长期之前施用，作为基肥施用较好，如在作物生长过程中发现缺硫，可以用硫酸铵等速效性硫肥作追肥或喷施。施用量应根据土壤缺硫程度和作物需求量来确定，一般缺硫土壤施 22.5～45kg/亩，硫可以满足当季作物硫的需要，还可以施过磷酸钙 300kg/亩或硫酸铵 10kg，也可以施石膏粉 150kg/亩或硫黄粉 30kg/亩。硫肥可单独施用，也可以和氮、磷、钾等肥料混合，结合耕地施入土壤。

第五节　微量元素肥料

微量元素肥料：指作物正常生长发育所必需的微量元素，通过工业加工过程制成的，在农业生产中作为肥料施用的化工产品，简称微肥。20 世纪 50～60 年代以施用有机肥为主、化肥为辅的情况下，微量元素缺乏并不突出，随着大量元素肥料施用量增加，作物产量大幅提高，加之有机肥投入比重下降，土壤缺乏微量元素状况随之加剧，但不同土壤质地、不同作物对微量元素的需求存在差异，应根据土壤微量元素有效含量确定丰缺情况，做到缺素补素。一般情况下，在土壤微量元素有效含量低时易产生缺素症，所补给的微量元素才能达到增产效果。

一、铁肥

（一）铁肥的种类与性质

铁是叶绿素合成所必需的，缺铁时叶绿体结构被破坏，导致叶绿素不能形成。铁参与体内氧化还原反应和电子传递。铁还参与植物呼吸作用。对铁敏感的作物有豆类、高粱、甜菜、菠菜、番茄、苹果、柑橘、桃树等。一般情况下，禾本科和其他一些农作物很少见到缺铁现象，而果树缺铁较为普遍。植物缺铁总是从幼叶开始，典型的症状是在叶片的叶脉间和细胞网状组织中出现失绿现象，在叶片上往往明显可见叶脉深绿而脉间黄化，黄绿相间相当明显，严重缺铁时叶片上出现坏死斑点，叶片逐渐枯死，缺铁时根系还可能出现有机酸的积累。铁在植物体内移动性很小，植物缺铁常在幼叶上表现出失绿症。

铁肥的主要品种包括硫酸亚铁、硫酸亚铁铵及螯合态铁等。硫酸亚铁（$FeSO_4 * 7H_2O$），含铁19%～20%，易溶于水，浅蓝绿色细结晶。硫酸亚铁铵 $\{(NH_4)_2SO_4 * FeSO_4 * 6H_2O\}$，含铁14%，呈淡青色结晶，溶于水。螯合态铁 FeEDTA，含铁5%～14%，易溶于水（表2-14）。

表2-14　常用铁肥品种、成分和性质

品种	分子式	含铁量（%）	溶解性
硫酸亚铁	$FeSO_4 \cdot 7H_2O$	19	易溶
硫酸亚铁铵	$(NH_4)_2SO_4 \cdot FeSO_4 \cdot 6H_2O$	14	易溶
螯合态铁	FeEDTA	14	易溶

（二）铁肥的施用

①基施：生产上最常用的铁肥是硫酸亚铁，可以用5～10kg硫酸亚铁与200kg有机肥混合后施到果树下，可以克服果树缺铁失绿症。

②叶面喷施：叶面喷施硫酸亚铁可避免土壤对铁的固定。一般喷施浓度为0.2%～0.5%，每隔7天左右一次，连续2～3次。若在铁肥溶液中加配尿素和柠檬酸，则会取得良好的效果，先在50kg水中加入25g柠檬酸，溶解后加入125g硫酸亚铁，待硫酸亚铁溶解后再加入50g尿素，即配成0.25%硫酸亚铁＋0.05%柠檬酸＋0.1%尿素的复合铁肥。对于根外追肥不方便的果树还可以将0.75%的硫酸亚铁溶液注入树干或固体硫酸亚铁埋藏于树干中，每株1～2g。

二、铜肥

（一）铜肥的种类与性质

铜参与植物体内氧化还原反应，铜构成铜蛋白并参与光合作用，铜是超氧化物歧化酶（SOD）的重要组份，铜参与氮素代谢，影响固氮作用，铜能够促进花器官的发育。不同作物对铜的反应不同，单子叶植物对铜比较敏感，麦类作物最敏感，双子叶植物敏感性较差。缺铜明显特征是花的颜色发生退色现象。禾谷类作物表现为植株丛生，顶端逐渐变白，症状从叶尖开始，严重时不抽穗，或穗萎缩变形，结实率降低或籽粒不饱满、不结实。果树表现为顶梢叶片呈叶簇状，叶和果实退色，严重时顶梢枯死，并向下发展。

用做铜肥的有硫酸铜、碱式硫酸铜、硫铁矿渣等。常用的为硫酸铜，有效铜含量35%，蓝色结晶，易溶于水（表2-15）。

表2-15 常用铜肥品种、成分和性质

品种	分子式	含铜量（%）	溶解性
硫酸铜	$CuSO_4 \cdot 5H_2O$	25～35	易溶
碱式硫酸铜	$CuSO_4 \cdot Cu(OH)_2$	15～53	难溶
氧化亚铜	Cu_2O	89	难溶

（二）铜肥的施用

硫酸铜可做基肥、种肥和根外追肥。多用做种肥和根外追肥。除硫酸铜其他品种只能做基肥。施用铜肥只有在确诊为缺铜的情况下方可应用。

①基肥：硫酸铜做基肥，一般用量15～30kg/亩，每隔3～5年施用一次。

②种肥：硫酸铜做种肥，每1kg种子用1～2g拌种或用浓度为0.01%～0.5%的溶液浸种。

③根外追肥：叶面喷施浓度为0.02%～0.04%硫酸铜溶液。可在硫酸铜溶液中加入少量熟石灰，以避免药害。

三、锰肥

（一）锰肥的种类和性质

锰直接参与光合作用，是维持叶绿体结构所必需的元素，锰调节酶的活性，锰促进种子萌发和幼苗生长。不同作物或同一种作物的不同品种对锰的敏感程度不同。燕麦、小麦、豌豆、菜豆、菠菜、甜菜、苹果、桃树、山莓、草莓是对锰敏感的作物，而大麦、水稻、三叶草、苜蓿、白菜、花椰菜、马铃薯、番茄对锰中度敏感，玉米、黑麦、牧草对锰敏感性很低。植物缺锰时一般幼小到中等叶龄的叶片最易出现症状，在单子叶植物中锰的移动性高于双子叶植物，所以，禾谷类作物缺锰症状常出现在老叶上。缺锰典型症状是燕麦"灰斑病"、豌豆"杂斑病"、棉花和菜豆"皱叶病"。植物缺锰的症状有早期和后期两个阶段。在早期缺锰阶段，叶片的主脉和侧脉附近为深绿色、呈带状，叶脉间则为浅绿色。到了中期叶片的主脉和侧脉附近的带状区变成暗绿色，叶脉间为浅绿色的失绿区，并且逐渐扩大。到后期严重缺锰的阶段，叶脉间的失绿区变成灰绿到灰白色，叶片薄，枝条有顶枯现象，长势很弱。果树缺锰时一般是叶脉间失绿黄化。禾本科植物则出现与叶脉平行的失绿条纹，条纹呈浅绿色，逐渐变成灰绿色、灰白色、褐色和红色。

常用的锰肥有硫酸锰、氯化锰、碳酸锰、氧化锰、含锰的玻璃肥料及含锰的工业废渣等。硫酸锰含锰量为24%～28%，为粉红色晶体，易溶于水。氯化锰有效锰含量17%，浅红色结晶，易溶于水（表2-16）。

表 2-16　常用锰肥品种、成分和性质

品种	分子式	含锰量（%）	溶解性
硫酸锰	$MnSO_4 \cdot 7H_2O$	24～28	易溶
氯化锰	$MnCl_2$	17	易溶
碳酸锰	$MnCO_3$	31	易溶
氧化锰	MnO	41～68	稍溶
含锰玻璃肥料	$MnCO_3$	10～25	难溶
含锰工业矿渣	总锰	9	难溶

（二）锰肥的施用

锰肥可做基肥、种肥或根外追肥。但主要用于种子处理和根外追肥。

①基肥：难溶性锰肥如含锰的工业废渣一般用做基肥，每公顷用量75～100kg。硫酸锰一般每公顷用15～37.5kg，与生理酸性化肥或农家肥混合条施或穴施。

②浸种：用浓度为0.05%～0.1%的硫酸锰溶液，浸种8小时，晾干后播种。

③拌种：每 1kg 种子用 4~8g 硫酸锰，先用少量水溶解后再拌种，晾干后播种。

④根外追肥：一般用 0.1%~0.2% 的硫酸锰溶液每亩 50~75kg，果树为 0.3%~0.4%，在苗期至生长盛期叶面喷施 2~3 次。

四、锌肥

(一) 锌肥的种类与性质

锌是某些酶的组分或活化剂，参与生长素的代谢，参与光合作用中 CO_2 的水合作用，促进蛋白质的代谢，促进生殖器官发育和提高抗逆性。植物对锌的敏感程度因作物种类不同而有差异，对锌敏感作物有玉米、水稻、甜菜、大豆、菜豆、柑橘、梨、桃、番茄等，其中，以玉米和水稻最为为敏感，通常可作为判断土壤有效锌丰缺的指示植物。多年生果树对锌也比较敏感，缺锌对果实品质影响很大。果树缺锌时表现为叶片狭小，丛生呈簇状，芽孢形成减少，树皮显得粗糙易碎。典型症状是果树"小叶病"、"繁叶病"。

锌肥的主要品种有：硫酸锌、氯化锌、碳酸锌、硝酸锌、氧化锌、硫化锌、螯合态锌、含锌复合肥、含锌混合肥和含锌玻璃肥料等。其中以硫酸锌和氯化锌为最常用，氧化锌次之。硫酸锌（$ZnSO_4 \cdot 7H_2O$）含锌 23%，白色针状结晶或粉状结晶，易溶于水，水溶液的 pH 值接近中性，易吸湿，是目前最常用的锌肥，适用于各种施用方法。氧化锌（ZnO）含锌量 78%，白色或淡黄色非晶性粉末，不溶于水。在空气中能缓慢吸收二氧化碳和水，生成碳酸锌，由于溶解度小，移动性差，故肥效长，施用一次，可长期有效，但供当季作物吸收的锌少，常配成悬浮液蘸根施用（表 2-17）。

表 2-17 常用锌肥品种、成分和性质

品种	分子式	含锌量（%）	溶解性
硫酸锌	$ZnSO_4 \cdot 7H_2O$ $ZnSO_4 \cdot H_2O$	23	易溶
氧化锌	ZnO	78	难溶
碱式硫酸锌	$ZnSO_4 \cdot 4(OH)_2$	55	可溶
氯化锌	$ZnCl_2$	48	易溶
碳酸锌	$ZnCO_3$	52	难溶
锌螯合物	$Na_2ZnEDTA$	12~14	易溶

（二）锌肥的施用

水溶性锌肥既可做基肥，又可做追肥或根外追肥，拌种或浸种，而非水溶性锌肥一般只适合作基肥。

①基肥：锌肥做基肥一般每亩用量为硫酸锌 1~2kg。由于用量较少，锌肥可与有机肥料或生理酸性肥料混合施用，但不宜与磷肥混施。锌在土壤中不易移动，应施在种子附近，但不能直接接触种子。对于缺锌土壤，锌肥不仅对当季作物有效，而且还有后效，一般 2~3 年施用 1 次即可。

②追肥：追施可将锌肥直接施入土壤，一般硫酸锌每亩用量 1~2kg。最好集中施用，条施或穴施在根系附近，以利于根系吸收，提高锌肥的利用率。

③种肥：常将硫酸锌用于拌种，每 1kg 种子加 2~3g，用少量水溶解，喷在种子上，边喷边拌，用水量为以能拌匀种子为宜，晾干后即可播种。浸种是用浓度为 0.02%~0.05% 硫酸锌溶液，浸种 8~10 小时，捞出晾干播种。蘸根是在移栽定植时，将植物根部在 1% 的氧化锌悬浮液中蘸一下再栽植。

④叶面喷施：用 0.1%~0.2% 硫酸锌溶液叶面喷施，连续喷 2~3 次，每次间隔 7~10 天。

五、硼肥

（一）硼肥的种类与性质

硼能够促进植物体内碳水化合物的运输和代谢，促进半纤维素及细胞壁物质的合成，促进细胞伸长和细胞分裂，促进生殖器官的建成和发育，调节酚的代谢和木质化作用，提高豆科作物根瘤固氮能力等。需硼较多的作物有油菜、甜菜、苜蓿、三叶草、白菜、大豆、花椰菜、萝卜、芹菜、莴笋、向日葵、茉莉花、苹果、桃等。植物缺硼的主要症状是茎尖生长点生长受抑制，严重时枯萎，甚至死亡。老叶叶片变厚变脆畸形，枝条节间短，出现木栓化现象。根的生长发育明显受阻，根短粗兼有褐色。生殖器官发育受阻，结实率低，果实小、畸形，导致种子和果实减产，严重时有可能绝收。对硼敏感的作物常会出现许多典型的症状，如甜菜的"腐心病"、油菜的"花而不实"、棉花的"蕾而不花"、花椰菜的"褐心病"、小麦的"穗而不实"、芹菜的"茎折病"、苹果的"缩果病"等。缺硼不仅影响产量而且明显影响品质。

硼肥种类很多，常用的硼肥有硼砂，硼酸，硼镁肥，硼镁磷肥。硼砂含硼 11% 左右，为无色透明结晶或白色粉末，溶于水。硼酸含硼 17%，无色透明结晶或白色粉末，易溶于水。硼镁肥是制取硼砂的残渣，灰色或灰白色粉末，所含硼主要是硼酸形态，能溶于水，含硼 1% 左右，含镁 20%～30%。硼镁磷肥含硼 0.6% 左右，含镁 10%～15%，含有效磷 6% 左右，是一种含大、中量元素（磷、镁）和微量元素（硼）的复合肥料。另外，还有含硼石膏、含硼黏土、含硼过磷酸钙、含硼过硝酸钙、含硼碳酸钙。硼泥含硼量约 2%，是生产硼肥时的下脚料，可直接施入田间。农家肥中草木灰、厩肥中也含有一定量的硼（表 2-18）。

表 2-18 常用硼肥品种、成分和性质

品种	分子式	含硼量（%）	溶解性
硼砂	$Na_2B_4O_7 \cdot 10H_2O$	11	溶于 40℃ 热水中
硼酸	H_3BO_3	17	易溶
硼泥		2.4（总 BO_3）	部分溶

（二）硼肥的施用

①基肥：硼肥的施用方法与土壤硼含量有关。当土壤严重缺硼时，一般采用基施效果好。一般每公顷施用 7.5～11.25kg 硼砂，与干细土或有机肥混匀后开沟条施或穴施，或与氮、磷、钾等肥料配合使用，也可单独施用。一定要施得均匀，不宜深翻或撒施。用量不能过大，每公顷硼砂用量超过 37.5kg 时，会降低出苗率，甚至死苗减产。不要使硼肥直接接触种子或幼苗，以免影响发芽、出苗和幼苗幼根生长。

②浸种：浸种宜用硼砂或硼酸溶液，先用 40℃ 的水将硼砂溶解，再用冷水稀释成 0.01%～0.03% 水溶液，将种子倒入溶液中，浸泡 6～8 小时，种液比为 1：1，捞出晾干后即可播种。

③叶面喷施：轻度缺硼的土壤通常采用根外追肥的方法。喷施浓度为 0.1%～0.25% 硼砂或硼酸溶液，用量为每公顷 750～1 125kg 水溶液，不同作物适宜的喷施时期不同，一般喷施 2～3 次。

六、钼肥

（一）钼肥的种类与性质

钼是硝酸还原酶和固氮酶的组成成分，能够促进植物体内有机含磷化合物的合成，参与体内光合作用和呼吸作用，促进繁殖器官的建成。

不同作物对钼肥的需求及对钼肥的效应差别很大，豆科作物、豆科绿肥和豆科牧草施用钼肥效果很好，十字花科对钼也较敏感，玉米、柑橘、烟草、马铃薯等在严重缺钼土壤上施钼也有较好的效果。缺钼的共同特征是植株矮小、生长缓慢，叶片失绿，且有大小不一的黄色或橙黄色斑点，严重缺钼时叶片萎蔫，有时叶片扭曲成杯状，老叶变厚、焦枯，以致死亡。十字花科的花椰菜缺钼最典型的症状是叶片明显缩小，呈不规则状的畸形叶，或形成鞭尾状叶，通常称为"鞭尾病"或"鞭尾现象"。

钼肥主要品种有钼酸钠、钼酸铵等。钼酸铵是青白或黄白色晶体，易溶于水，含钼量为50%～54%。钼酸钠为青白色晶体，易溶于水，含钼量为35%～39%（表2-19）。

表2-19 常用钼肥品种、成分和性质

品种	分子式	含钼量（%）	溶解性
钼酸铵	$(NH_4)_6Mo_7O_{24} \cdot 4H_2O$	54	易溶
钼酸钠	$Na_2MoO_4 \cdot 2H_2O$	36	易溶
三氧化钼	MoO_3	66	难溶
含钼矿渣		10	难溶

（二）钼肥的施用

钼肥可做基肥、种肥和根外追肥。由于钼肥是作物需要量最少的微量元素，且价格昂贵，所以钼肥用量应尽量减少，一般做根外追肥、浸种和拌种。并且由于用量少，难于施匀，应少做基肥。

①基肥：钼肥可以单独使用，也可和其他化肥和有机肥混合施用，最好与磷肥配合施用。如果单独使用，可拌干细土10kg，搅拌均匀后施用，或撒施翻耕入土，或开沟条施或穴施，钼酸铵、钼酸钠每公顷用量750～1 500g。

②拌种：每1kg种子用1～2g钼酸铵，先用少量热水溶解再用水配成0.2%～0.3%的溶液，喷施在种子上，边喷施边搅拌，但喷液不能过多，以免种皮起皱，造成烂种，拌好后将种子阴干后既可播种。

③浸种：一般用0.05%～0.1%钼酸铵溶液，浸种12小时。

④根外追肥：将钼酸铵（钠）先用约50℃的水溶解，然后配成0.02%～0.05%的溶液，在苗期和花期喷施1～2次。每次每公顷喷施溶液750～1 125kg。

第六节 复合肥料

复合肥料：在一定的工艺条件下，经过化学反应而制成的，含有氮磷钾中两种或两种以上元素，具有固定的养分含量和配比的肥料，它们的养分含量和配比决定于生产过程中的化学反应及化合物的分子式化学组成。常见的复合肥料种类主要包括磷酸二铵、磷酸一铵、磷酸二氢钾、硝酸钾和硝酸磷肥等。

复合肥料的主要优点：一是含有两种或两种以上的作物需要的元素，养分含量高，能比较均衡和长时间地供应作物需要的养分，提高施肥增产效果；二是这类复合肥一般为颗粒状，吸湿小，不结块，具有一定的抗压强度和粒度，物理性状好，可以改善某些单质肥料的不良性状，便于贮存，施用方便，特别是利于机械化施肥；三是这类肥料既可以做基肥和追肥、又可以做种肥，适用的范围比较广；四是肥料副成分少，在土壤中不残留有害成分，对土壤性质基本不会产生不良影响。

复合肥料主要缺点：氮磷钾养分比例相对固定，不能适用于各种土壤和各种作物对养分的需求，所以，在复合肥料施用的过程中一般要配合单质肥料的施用，才能满足各类作物在不同生育阶段对养分种类、数量的要求，达到作物高产对养分的平衡需求；其次是复合肥料所含养分同时施用，有的养分可能与作物最大需肥时期不相吻合，易流失，难以满足作物某一时期对某一养分的特殊要求，不能发挥本身所含各养分的最佳施用效果。

一、磷酸一铵、磷酸二铵

（一）磷酸一铵、磷酸二铵的性质

磷酸一铵、磷酸二铵中含有氮、磷两种养分，属于氮磷二元型复合肥料，是我国发展最快、用量最大的复合肥料。执行标准 GB 10205—2001。

磷酸一铵：又称磷酸铵。含磷 60% 左右，含氮 12% 左右，灰白色或淡黄色颗粒，不易吸湿，不易结块，易溶于水，化学性质呈酸性。是以含磷为主的高浓度速效氮磷复合肥。

磷酸二铵：简称二铵。含磷 46% 左右，含氮 18% 左右，白色结晶体，吸湿性小，稍结块，易溶于水，制成颗粒状产品后不易吸湿、不易结块。化学性质呈碱性。是以含磷为主的高浓度速效氮磷复合肥（表 2-20、表 2-21、表 2-22）。

表 2-20 传统法颗粒状磷酸一铵和磷酸二铵的技术指标　　（单位:%）

项目		磷酸一铵			磷酸二铵		
		优等品 12-52-0	一等品 11-49-0	合格品 10-46-0	优等品 18-46-0	一等品 15-42-0	合格品 13-38-0
总养分（N+ P_2O_5）	≥	64.0	60.0	56.0	64.0	57.0	51.0
总氮（N）	≥	11.0	10.0	9.0	17.0	14.0	12.0
有效磷（以 P_2O_5 计）	≥	51.0	48.0	45.0	45.0	41.0	37.0
水溶性磷占有效磷百分率	≥	90	85	80	90	85	80
水分（H_2O）	≤	2.0	2.0	2.5	2.0	2.0	2.5
粒度（1.00～4.00mm 颗粒）	≥	90	80	80	90	80	80

表 2-21 料浆法颗粒状磷酸一铵和磷酸二铵的技术指标　　（单位:%）

项目		料浆法磷酸一铵			料浆法磷酸二铵	
		优等品 11-47-0	一等品 11-44-0	合格品 10-42-0	一等品 15-42-0	合格品 13-38-0
总养分（N+ P_2O_5）	≥	58.0	55.0	52.0	57.0	51.0
总氮（N）	≥	10.0	10.0	9.0	14.0	12.0
有效磷（以 P_2O_5 计）	≥	46.0	43.0	41.0	41.0	37.0
水溶性磷占有效磷百分率	≥	80	75	70	75	70
水分（H_2O）	≤	2.0	2.0	2.5	2.0	2.5
粒度（1.00～4.00mm 颗粒）	≥	90	80	80	80	80

表 2-22 粉状磷酸一铵的技术指标　　（单位:%）

项目		Ⅰ类			Ⅱ类	
		优等品 9-49-0	一等品 8-47-0	合格品 11-47-0	一等品 11-44-0	合格品 10-42-0
总养分（N+ P_2O_5）	≥	58.0	55.0	58.0	55.0	52.0
总氮（N）	≥	8.0	7.0	10.0	10.0	9.0
有效磷（以 P_2O_5 计）	≥	48.0	46.0	46.0	43.0	41.0
水溶性磷占有效磷百分率	≥	90	85	80	75	70
水分（H_2O）	≤	4.0	5.0	3.0	4.0	5.0

（二）磷酸一铵、磷酸二铵的鉴别

①看外观：磷酸二铵均为颗粒状，多数磷酸一铵为颗粒，部分国产磷酸一铵为粉末状。

②看颜色：磷酸一铵和磷酸二铵成灰色、灰白色或灰褐色，也有的磷酸二铵为浅黄色。

③观察溶解性：磷酸一铵和磷酸二铵很容易全部溶解于水。

④测量 pH 值：利用 pH 试纸测试磷酸一铵或磷酸二铵溶液 pH 值，磷酸一铵溶液的 pH 试纸呈红色，溶液呈酸性；磷酸二铵溶液的 pH 试纸呈蓝色，溶液呈碱性。

⑤观察铁片灼烧：将铁片烧红后，取少量的磷酸一铵和磷酸二铵放于其上，能观察到磷酸铵颗粒变小，并放出刺激性的氨味。

（三）磷酸一铵、磷酸二铵的施用与贮存

磷酸一铵、磷酸二铵是以磷为主的高浓度速效氮、磷复合肥。它不仅适用于各种类型的作物，而且适宜于各种类型的土壤条件，特别是在碱性土壤和缺磷比较严重的地方，增产效果十分明显。可以做基肥，也可做追肥或种肥。

1. 做基肥、追肥

最适合于做基肥，一般公顷用量在 225～375kg。对于高产作物而言，还可适当提高用量。通常在整地前结合耕地，将肥料施入土壤。也可在播种后，开沟施入。

2. 做种肥

磷酸二铵作种肥时，通常是在播种时将种子与肥料分别播入土壤，不能与种子直接接触。每公顷用量一般控制在 37.5～75kg。

3. 施用注意事项

①不能将磷酸二铵与碱性肥料混合施用，否则会造成氮的挥发，同时还会降低磷的肥效。②已经施用过磷酸二铵的作物，在生长的中、后期，一般只补适量的氮肥，不再需要补施磷肥。③除豆科作物外，大多数作物直接施用时需配施氮肥，调整氮磷比。

4. 贮存

磷酸一铵、磷酸二铵在贮存和运输过程中，应防雨、防潮、防晒、防破裂。

二、磷酸二氢钾

（一）磷酸二氢钾的性质

磷酸二氢钾含磷 52%、含钾 34% 左右。纯品为白色或灰白色结晶体，物理性状好，吸湿性小，易溶于水，水溶液呈酸性，为高浓度速效磷钾二元型复合肥料。执行标准为 HG 2321—1992（表 2-23）。

表2-23　农业用磷酸二氢钾的技术指标　　　　（单位:%）

项目		农业	
		一等品	合格品
磷酸二氢钾（KH_2PO_4 以干基计）含量	≥	96.0	92.0
水分	≤	4.0	5.0
pH值		4.3～4.7	
氧化钾（K_2O 以干基计）含量	≥	33.2	31.8

（二）磷酸二氢钾的鉴别

①看形状：一般为结晶体或粉末。

②看颜色：多呈现白色、浅黄色或灰白色。

③观察溶解性：观察磷酸二氢钾的溶解情况，磷酸二氢钾完全溶解于水，没有沉淀，并且溶解的速度很快。

④检查溶液的酸碱性：利用 pH 试纸检查磷酸二氢钾水溶液的酸碱性，能够发现 pH 试纸变红，说明溶液呈现酸性。

⑤观察灼烧时的火焰颜色：能够发现钾离子的特有紫色火焰。

⑥观察铁片上燃烧现象：磷酸二氢钾的吸湿性很小，化学性质稳定，不容易分解，在铁片上燃烧没有反应。

（三）磷酸二氢钾的施用与贮存

①做根外追肥：由于磷酸二氢钾价格比较昂贵，目前，多用于作物根外追肥，特别是用于果树、蔬菜，通常都会取得良好的增产效果。应根据作物和生长时期确定喷施浓度，一般叶面喷施浓度 0.1%～0.2%，喷施 2～3 次，间隔 7 天左右。对于大田作物，一般小麦在拔节期至孕穗期，棉花在开花期前后喷施。

②做种肥：磷酸二氢钾也可用做种肥，在播种前将种子在浓度为 0.2% 的磷酸二氢钾水溶液中浸泡 12～18 小时，捞出晾干即可播种。

③施用注意事项：磷酸二氢钾用于追肥，通常是采用叶面喷施的办法进行，叶面喷施是一种辅助性的施肥措施，必须在作物前期施足基肥，中期用好追肥的基础上，及时喷施。

④贮存：磷酸二氢钾在贮存和运输过程中应避免雨淋，仓库应清洁、阴凉、干燥。

三、硝酸钾

（一）硝酸钾的性质

含 N 13%，含 K_2O 44%，N：K_2O 为 1：3.4，白色晶体，吸湿性

小,不易结块,易溶于水,不含副成分。生理反应和化学反应均为中性。为不含氯的氮钾二元复合肥料。也是含钾为主的高浓复肥品种之一。农业用硝酸钾执行标准 GB/T 20784—2006(表2-24)。

表 2-24　硝酸钾的主要技术指标　　　　　　　　　　(单位:%)

项目		优等品	一等品	合格品
氧化钾(K_2O)的质量分数	≥	46.0	44.5	44.0
总氮(N)的质量分数	≥		13.5	
氯离子(Cl^-)的质量分数	≤	0.2	1.2	1.5
游离水(H_2O)的质量分数	≤	0.5	1.2	2.0

(二)硝酸钾的鉴别

①看形状:硝酸钾为结晶体。

②看颜色:硝酸钾呈白色。

③观察溶解性:观察硝酸钾的溶解情况,硝酸钾能完全溶解于水。

④观察灼烧火焰的颜色:将少许硝酸钾放在酒精灯上燃烧,可发出紫色火焰。

(三)硝酸钾的施用与贮存

①做基肥和追肥:硝酸钾适用于各种作物,特别适用于烟草、葡萄、马铃薯、甘薯、茄果类蔬菜等经济作物。适于做基肥和追肥,最为适宜做追肥,一般每公顷用量150~225kg。

②浸种:一般可采用浓度为0.2%的硝酸钾水溶液浸种和拌种。

③根外追肥:一般可采用浓度为0.6%~1.0%的硝酸钾溶液进行根外追肥。

④施用注意事项:施用时要注意配合氮、磷化肥,以提高肥效。由于硝态氮易于淋失,更适于在旱地施用。

⑤贮存:硝酸钾应贮存在阴凉、干燥处,在运输过程中应防潮、防晒、防破裂。硝酸钾属于易燃易爆品,不得与有机物、还原剂及易燃品等物质混运混贮。

四、硝酸磷肥

(一)硝酸磷肥的性质

硝酸磷肥含氮26%、含磷11%左右,为浅灰白色颗粒。中性,吸湿性强,宜结块。硝酸磷肥是用硝酸分解磷矿粉,再用氨来中和多余的酸加工制成的氮磷两元肥料。硝酸磷肥的主要有效成分是硝酸铵、磷酸铵和磷酸二钙，既含有硝态氮又含有铵态氮，兼含有水溶性磷和枸溶性磷。硝酸磷肥执行国家推荐性标准 GB/T 10510—1998（表 2-25）。

表 2-25　硝酸磷肥的技术指标

项目		指标		
		优等品	一等品	合格品
总氮（N）含量	≥,%	27.0	26.0	25.0
有效磷（以 P_2O_5 计）含量	≥,%	13.5	11.0	10.0
水溶性磷占有效磷百分率	≥,%	70	55	40
水分（游离水）	≤,%	0.6	1.0	1.2
粒度（1.00～4.00mm 颗粒）	≥,%	95	85	80
颗粒平均抗压碎力（2.00～2.80mm），N	≥	50	40	30

（二）硝酸磷肥的鉴别

①看肥料形状：硝酸磷肥为颗粒状。

②看颜色：硝酸磷肥呈灰色、灰白色或乳白色。

③观察溶解性：观察硝酸磷肥的溶解性，发现肥料部分溶解于水，部分沉淀于杯底。

④测量 pH 值：利用广泛试纸测量硝酸磷肥溶液的 pH 值，试纸变红，说明硝酸磷肥的水溶性呈酸性。

⑤观察铁片上燃烧现象：将少量硝酸磷肥放在已经烧红的铁片上灼烧，能闻到刺激性氨气味和棕色烟雾。

⑥观察吸湿性：在空气湿度大时，将肥料放置白瓷碗底一晚上或放在手心握一会儿，能够观察到肥料的表面已经"化了"。

（三）硝酸磷肥的施用与贮存

①做基肥和追肥：硝酸磷肥适于多种土壤和多种作物，尤其适用于缺氮又缺磷的土壤，适宜用作基肥和追肥，进行条施，但要深施。一般每公顷用量 225～450kg。

②做种肥：做种肥每公顷 75～150kg，但不能与种子直接接触。

③施用注意事项：硝酸磷肥含硝态氮，容易随水流失，水田作物上应尽量避免施用该肥料。

④贮存：硝酸磷肥的运输和贮存过程中，应防雨、防潮、防晒、方破裂。硝酸磷肥含有硝酸根，容易助燃和爆炸，在储存、运输和施用时应远离火源，如果肥料出现结块现象，应用木棍将其粉碎，不能使用铁锹拍打，以防爆炸伤人。

第七节 复混肥料、掺混肥料

一、复混肥料、掺混肥料的特点

（一）复混肥料的特点

复混肥料：将几种单元素肥料或是二元素肥料经过物理加工方法，形成的含有多种元素的肥料。这种肥料在加工过程中不以发生化学反应为主，而是简单地通过胶结剂使不同种类的单质肥料结合在一起。复混肥料是当前肥料行业发展最快的肥料品种，实行强制性的生产许可证管理制度。执行标准 GB 15063—2009（表 2-26）。

表 2-26 复混肥料的主要技术指标

项目		指标		
		高浓度	中浓度	低浓度
总氮养分（$N+P_2O_5+K_2O$）的质量分数[a]/% ≥		40.0	30.0	25.0
水溶性磷占有效磷百分率[b]/% ≥		60	50	40
水分（H_2O）的质量分数[c]/% ≤		2.0	2.5	5.0
粒度（1.00～4.75mm 或 3.35～5.60mm）[d]/% ≥		90	90	80
氯离子的质量分数[e]/% ≤	未标"含氯"的产品 ≤	3.0		
	标志"含氯（低氯）"的产品 ≤	15.0		
	标志"含氯（中氯）"的产品 ≤	30.0		

a 组成产品的单一含量不得低于 4.0%。且单一养分测定值与标明值负偏差的绝对值不得大于 1.5%

b 以钙镁磷肥等枸溶性磷肥为基础磷肥并在包装容器上注明为"枸溶性磷"，"水溶性磷占有效磷百分率"项目不做检验和判定；若为氮、钾二元肥料，"水溶性磷占有效磷百分率"项目不做检验和判定

c 水分为出厂检验项目

d 特殊形状或更大颗粒（粉状除外）产品的粒度由供需双方协议确定

e 氯离子的质量分数大于 30.0%的产品，应在包装袋上标明"含氯（高氯）"，标志"含氯（高氯）"的产品氯离子的质量分数可不做检验和判定

①养分全面、含量高：含有两种或两种以上的营养元素，能比较均衡地、长时间地同时供给作物所需要的多种养分，并充分发挥营养元素之间的相互促进作用，提高施肥的效果。复混肥料的化学成分虽不及复合肥料均一，但同一种复合肥的养分比是固定不变的，而复混肥料可以根据不同类型土壤的养分状况和作物的需肥特征，配制成系列专用肥，产品的养分比例多样化，针对性强，可以根据需要选择和施用，从而避免某些养分的浪费，提高肥料的增产效果。肥料利用率和经济效益都比较高。

②复混肥料物理性能好，便于施用：复混肥料颗粒一般比较坚实、无尘，粒度大小均匀，吸湿性小，便于贮存和施用，既适合于机械化施肥，同时，也便于人工撒施，减轻施肥劳力。

③复混肥料养分齐全，可促进土壤养分平衡：农民习惯上施用单质肥，特别是偏施氮肥，很少施用钾肥，极易导致土壤养分不平衡。

④复混肥料有利于施肥技术的普及：测土配方施肥是一项技术性强、要求高而又面广量大的工作，如何把这项技术送到千家万户，一直是难以解决的问题。尽管土肥技术部门通过测土可向农民提供配方，但由农民自己购买单质肥料进行混配费工费力，又受肥料供应条件的限制，难以大面积推广。将配方施肥技术通过专用复混肥这一物化载体，可以真正做到技物结合，从而可以大大加速配方施肥技术的推广应用。

⑤复混肥料存在的缺点：一是所含养分同时施用，有的养分可能与作物最大需肥时期不相吻合，易流失，难以满足作物某一时期对养分的特殊要求；二是养分比例固定的复混肥料，难以同时满足各类土壤和各种作物的要求。

（二）掺混肥料的特点

掺混肥料：氮、磷、钾 3 种养分中，至少有两种养分标明量的由干混方法制成的颗粒状肥料，也称 BB 肥。执行标准 GB 21633—2008（表 2-27）。

表 2-27 掺混肥料的主要技术指标

项目	指标
总氮养分（$N + P_2O_5 + K_2O$）的质量分数[a]/% ≥	35
水溶性磷占有效磷百分率[b]/% ≥	60
水分（H_2O）的质量分数/% ≤	2.0

(续表)

项目		指标
粒度（2.00～4.00mm）/%	≥	70
氯离子的质量分数c/%	≤	3.0
中量元素单一养分的质量（以单质计）d/%	≥	2.0
微量元素单一养分的质量（以单质计）e/%	≥	0.02

a 组成产品的单一含量不得低于4.0%。且单一养分测定值与标明值负偏差的绝对值不得大于1.5%

b 以钙镁磷肥等枸溶性磷肥为基础磷肥并在包装容器上注明为"枸溶性磷"，可不控制"水溶性磷占有效磷百分率"指标。若为氮、钾二元肥料，也不控制"水溶性磷占有效磷百分率"指标

c 包装容器上标明"含氯"时不检测本项目

d 包装容器上标明含有钙、镁、硫时检验本项目

e 包装容器上标明含有铜、铁、锰、锌、硼、钼时检验本项目

①掺混肥料是根据作物养分需求规律、土壤养分供应特点和平衡施肥原理，经过机械均匀掺混而成的复混肥料，是科学平衡施肥的理想载体。可根据作物养分需求和不同土壤的养分供应特点等，设计可灵活调整的配方，符合化肥专用化的发展趋势。

②掺混肥料养分浓度可高达50%以上，符合化肥高浓度化的发展趋势；BB肥可添加中微量元素，农药，除草剂等，符合化肥多功能化的发展趋势。

③掺混肥料因含测土配方施肥技术，易于开展农化服务，可满足农化服务水平提升的要求。

④掺混肥料具有省时省工、真假易辨等优点。农民从肥料中能明显地看到氮、磷、钾的肥料颗粒，不易因造假而受到损失。

⑤掺混肥料生产成本和使用成本低，生产过程中无化学反应，可满足化肥发展节能环保的需求。

⑥掺混肥料的主要缺点，一是易吸潮、结块，掺混肥料中的氮素都是以颗粒尿素为主，含尿素的掺混肥料因其吸水性而容易结块。二是易于发生分离，掺混肥料原料比重不一，颗粒大小不一，易于离析分层，尤其是运输搬运过程中分层，导致使用各元素的不均衡，从而影响施肥效果与作物的产品质量。

二、复混肥料的分类

（一）根据营养元素种类划分

①二元复混肥料：含有氮、磷、钾3种元素中的两种元素，根据农作物需肥规律合理匹配，复混后加工成的商品肥料。如氮磷复混肥、氮钾复混肥、磷钾复混肥。

②三元复混肥料：含有氮、磷、钾3种元素，根据农作物需肥规律合理匹配，复混后加工成的商品肥料。通常以专用型的三元复混肥施用效果最好。

（二）根据氮磷钾养分总含量划分

复混肥中的氮磷钾比例一般氮以纯氮（N）、磷以五氧化二磷（P_2O_5）、钾以氧化钾（K_2O）为标准计算，例如，氮∶磷∶钾＝15∶15∶15，表明在复混肥中纯氮含量占总物料量的15%，五氧化二磷占15%，氧化钾占15%，氮、磷、钾总含量占总物料的45%。根据总养分含量可分为3种不同浓度的复混肥。

①高浓度复混肥料：氮、磷、钾养分总含量大于等于40%。一般生产过程中总含量为45%的占多数。高浓度复混肥的特点是养分含量高，适宜机械化施肥。但由于高浓度复混肥养分含量高，用量少，采用人工撒施不容易达到施肥均匀。高浓度复合肥中氮、磷、钾占的比例大，一些中、微量元素含量低，长期施用会造成土壤中中、微量元素含量的不足。

②中浓度复混肥料：氮、磷、钾养分总含量在30%～40%。中浓度复混肥是对高浓度和低浓度复混肥的调节，它的施用量介于两者之间，一般的播种机稍加改造就可以将所需肥料数量施足，而且可以达到均匀程度，还含有相当数量的钙、镁、硫等中量元素。一般在果树和蔬菜上施用中浓度复混肥比较普遍。

③低浓度复混肥料：氮、磷、钾养分总含量在25%～30%。低浓度复混肥养分含量低，施用量大，采用一次性播种施肥复式作业时不容易将肥料全部施入土壤中，人工撒施劳动量也比施高浓度复混肥要多。它的优点是由于用量大，施起来容易均匀。低浓度复混肥生产原料选择面比较宽，可选用硫酸铵、普钙等用以增加复混肥中量元素钙、镁、硫的含量。一般低浓度复混肥适宜在蔬菜和瓜类作物上应用。

（三）根据复混肥的成分和添加物划分

①无机复混肥料：原料完全是化学肥料，用尿素、硫铵、重钙、磷酸铵、氯化钾等按照一定比例，经混合造粒，生成二元复混肥、三元复混肥和各种专用复混肥。

②有机-无机复混肥料：以无机原料为基础，增加有机物为填充物所形成的复混肥。这些有机-无机复混肥的生产一般是以无机肥料为主要原料，填充物采用烘干鸡粪等有机物增加肥料中的有机物质。有机无机复混肥的基本特点是速效养分含量能够满足作物当季生长的要求，同时又向土壤补充了部分有机肥料，可以起到培肥地力的作用，也向土壤提供了部分有机的缓效养分。

三、复混肥料的鉴别

（一）看包装标志

看包装是否标明产品名称、生产许可证号、肥料登记证号、执行标准号、养分总含量及养分配合式、使用方法、净重、生产企业名称、地址、联系方式等，包装袋内是否有产品合格证，标志不全就有可能是伪劣产品。要注意的是复混肥料的总养分含量是氮、磷、钾含量之和，其他元素的含量不能计入总养分含量。

（二）看形态外观

复混肥料的形状多为颗粒状，也有的为条状或片状，颜色多为灰色、灰白色、杂色、彩色等。用手抓半把复混肥搓揉，手上留有一层灰白色粉末并有黏着感的为质量优良，若碾碎其颗粒，可见细小白色晶体的表明为质量优良。劣质复混肥多为灰黑色粉末，无黏着感，颗粒内无白色晶体。

（三）闻气味

复混肥料一般无异味，如有异味是伪劣复混肥。

（四）看溶解性

优质复混肥水溶性好，在水中大部分能溶解，即使有少量沉淀物，也较细小。而劣质复混肥难溶于水，沉淀粗糙坚硬。

（五）看燃烧情况

取少量复混肥置于铁皮上，放在火上烧灼，有氨味说明含有氮，出现黄色火焰说明含有钾，且氨味越浓，黄色火焰越黄，表明氮、钾含量越高，即为优质复混肥。反之则为劣质复混肥。

四、复混肥料的施用与贮存

（一）施用方式

复混肥料一般用做基肥和追肥，不能用做种肥和叶面追肥，以防止烧苗现象发生。

①复混肥料适宜做基肥，做基肥可以深施，有利于中后期作物根系对养分的吸收。复混肥料含有氮、磷、钾3种营养元素，做基肥可满足作物中后期对磷、钾养分的最大需要。做基肥还可以克服中后期追施磷、钾肥的困难。

②原则上不提倡用三元复混肥料做追肥，做追肥会导致磷、钾资源的浪费，因为磷、钾肥施在土壤表面很难发挥作用，当季利用率不高。如果基肥中没有施用复混肥料，在出苗后也可适当追施，但最好要开沟施用，并且施后要覆土。

③原则上高浓度复混肥料不能做种肥，因为高浓度肥料与种子混在一起容易烧苗。如果一定要做种肥，必须做到肥料与种子分开，以免烧苗。

④复混肥料作冲施肥，对于多次采收的蔬菜，每次采收后冲施复混肥料可以补充适当的养分，应选用氮钾含量高、全水溶性的复混肥，一般大棚的土壤速效磷含量极高，没有必要用三元复混肥料做冲施肥。

（二）肥料品种

不同复混肥料养分含量和配比不同，不同作物需肥规律也不相同，要根据作物种类选择适当的复混肥料。

（三）施肥量

由于复混肥料含有相当数量的磷、钾及副成分，施肥量较单一氮肥大，一般大田作物施用每亩50kg左右，经济作物施用每亩100kg左右。

（四）施肥时期

为使复混肥料中的磷、钾（尤其是磷）充分发挥作用，作基肥施用要尽早。一年生作物可结合耕耙施用，多年生作物（如果树）则较多集中在冬春施用。若将复混肥料作追肥，也要早期施用，或与单一氮肥一起施用。

（五）施肥深度

施肥深度对肥效的影响很大，应将肥料施于作物根系分布的土层，使耕作层下部土壤的养分得到较多补充，以促进平衡供肥。随着作物的生长，根系将不断向下部土壤伸展，早期作物以吸收上部耕层养分为主,中晚期从下层吸收较多。因此,对集中做基肥施用的复混肥分层施肥处理,较一层施用可提高肥效。

(六)施用注意事项

①包装上注明"含氯"或"含 Cl"字样的复混肥料,"忌氯"作物和盐碱地应尽量少用。未注明"含氯"或"含 Cl"字样的复混肥料,产品中不含氯化铵和氯化钾,产品的售价较高,适合施用于经济效益较高或忌氯的作物上,盐碱地应用效果较好。

②包装上注明"枸溶性磷",说明产品中水溶性磷的含量很低,适合施用在酸性土壤上。没有标明"枸溶性磷",说明产品中水溶性磷的含量较高,适合施用于大多数土壤和作物。

③包装上注明"含硝态氮"的,不适合施用在水田土壤上。没有标明"含硝态氮"的适合施用于水田和旱地作物上。

(七)贮存

复混肥料应贮存于阴凉干燥处,贮存和运输过程中应防潮、防晒、防破裂。

第八节 水溶肥料

水溶肥料:经水溶解或稀释,用于灌溉施肥、叶面施肥、无土栽培、浸种蘸根等用途的液体或固体肥料。

水溶肥料是一种速效性化肥,它的基本特征是水溶性好,可以完全溶解于水中,能被作物的根系和叶面直接吸收利用。水溶肥料属于新型肥料,这类肥料的"新"不完全在于它的"水溶性好"和"全速效性"方面,而在于它的应用功能开发,包括应用途径、施用方法和纯度、剂型等方面。科学的开发和推广水溶肥是满足现代集约化农业种植生产标准化的需要,是保证农产品高产优质高效的需要,是精确化管理水资源和养分资源的需要。随着对粮食和农产品产量及品质的需求不断提高,水溶肥料作为新型环保肥料由于使用方便,可和喷灌、滴灌结合使用,并可喷施、冲施,在提高肥料利用率、节约农业用水、减少生态环境污染、改善作物品质以及减少劳动力等方面起着重要的作用。

一、水溶肥料的特点

(一)施肥效率高

采用水、肥同施,以水带肥,实现了水肥一体化,施肥效率高,可以减少施肥总量,肥水协同效应,使肥和水的利用率都明显提高。

(二) 针对性强

水溶肥料可根据土壤养分丰缺状况、土壤供肥水平以及作物对营养元素的需求来确定肥料的种类,及时补充作物缺少的养分,减轻或消除作物的缺素症状。

(三) 吸收快

由于水溶肥料直施用在作物叶面或根部,各种营养物质可直接进入植物体内,直接参与作物的新陈代谢和有机物质的合成,其速度和效果都比土壤施肥的作用来得快,可解决高产作物快速生长期的营养需求。

(四) 营养全面

水溶肥料的成分特点是大量元素与微量元素相结合,所以,种植业生产中微量元素的供应可以通过水溶肥来实现的。

(五) 效果好

形成作物产量的干物质主要来自光合作用的产物,作物进行叶面施肥后,叶片吸收了大量的养分,促进了作物体各种生理过程,显著提高光合作用强度,有效促进作物有机物质的积累,提高坐果率和结实率,增加产量,改善品质。

(六) 用量省

叶面喷施由于喷施在叶面上,不直接与土壤接触,避免了养分在土壤中的固定、失效或淋溶损失。采用叶面喷施,通常用量极少,浓度很低,养分吸收后,直接被输送到作物生长最旺盛的部位,养分利用率高。

水溶肥料存在许多优点,但也存在缺点。水溶肥料价格普遍较高,不利于普及。水溶肥料速效性强,难以在土壤中长期保存,施肥量需要严格控制,使用稍多,容易发生烧苗,造成肥料流失,既降低施肥的经济效益,还会造成土壤盐分积累、水环境的污染。

二、水溶肥料主要类型

水溶肥料主要有大量元素水溶肥料,微量元素水溶肥料,含腐殖酸水溶肥料,含氨基酸水溶肥料等。

(一) 大量元素水溶肥料

以大量元素氮、磷、钾为主要成分的,添加适量中量元素或微量元素的液体或固体水溶肥料。执行标准 NY 1107—2010。大量元素水溶肥料中汞、砷、镉、铅、铬限量指标应符合 NY 1110—2010 的要求(表 2-28、表 2-29、表 2-30、表 2-31)。

表 2-28　大量元素水溶肥料（中量元素型）固体产品技术指标

项目	指标
大量元素含量[a]，%	≥50.0
中量元素含量[b]，%	≥1.0
水不溶物含量，%	≤5.0
pH 值（1∶250 倍稀释）	3.0～9.0
水分（H_2O），%	≤3.0

[a] 大量元素含量指总 N、P_2O_5、K_2O 含量之和。产品至少包括两种大量元素。单一大量元素含量不低于 4.0%

[b] 中量元素含量指钙、镁元素含量之和。产品应至少包含一种中量元素。含量不低于 0.1% 的单一中量元素均应计入中量元素含量中

表 2-29　大量元素水溶肥料（中量元素型）液体产品技术指标

项目	指标
大量元素含量[a]，g/L	≥500
中量元素含量[b]，g/L	≥10
水不溶物含量，g/L	≤50
pH 值（1∶250 倍稀释）	3.0～9.0

[a] 大量元素含量指总 N、P_2O_5、K_2O 含量之和。产品至少包括两种大量元素。单一大量元素含量不低于 40g/L

[b] 中量元素含量指钙、镁元素含量之和。产品应至少包含一种中量元素。含量不低于 1g/L 的单一中量元素均应计入中量元素含量中

表 2-30　大量元素水溶肥料（微量元素型）固体产品技术指标

项目	指标
大量元素含量[a]，%	≥50.0
微量元素含量[b]，%	0.2～3.0
水不溶物含量，%	≤5.0
pH 值（1∶250 倍稀释）	3.0～9.0
水分（H_2O），%	≤3.0

[a] 大量元素含量指总 N、P_2O_5、K_2O 含量之和。产品至少包括两种大量元素。单一大量元素含量不低于 4.0%

[b] 微量元素含量指铜、铁、锰、锌、硼、钼元素含量之和。产品应至少包含一种微量元素，含量不低于 0.05% 的单一微量元素均应计入微量元素含量中。钼元素含量不高于 0.5%

表 2-31　大量元素水溶肥料（微量元素型）液体产品技术指标

项目	指标
大量元素含量[a]，g/L	≥500
微量元素含量[b]，g/L	2～30
水不溶物含量，g/L	≤50
pH 值（1∶250 倍稀释）	3.0～9.0

[a] 大量元素含量指总 N、P_2O_5、K_2O 含量之和。产品至少包括两种大量元素。单一大量元素含量不低于 40g/L
[b] 微量元素含量指铜、铁、锰、锌、硼、钼元素含量之和。产品应至少包含一种微量元素，含量不低于 0.5g/L 的单一微量元素均应计入微量元素含量中。钼元素含量不高于 5g/L

（二）微量元素水溶肥料

由铜、铁、锰、锌、硼、钼微量元素按所需比例制成的或单一微量元素制成的液体或固体水溶肥料。执行标准 NY 1428—2010。微量元素水溶肥料中汞、砷、镉、铅、铬限量指标应符合 NY 1110—2010 的要求（表 2-32、表 2-33）。

表 2-32　微量元素水溶肥料固体产品技术指标

项目	指标
微量元素含量[a]，%	≥10.0
水不溶物含量，%	≤5.0
pH 值（1∶250 倍稀释），%	3.0～10.0
水分（H_2O），%	≤6.0

[a] 微量元素含量指铜、铁、锰、锌、硼、钼元素含量之和。产品中应至少包含一种微量元素。含量不低于 0.05% 的单一微量元素均应计入微量元素含量中。钼元素含量不高于 1.0%（单质含钼微量元素产品除外）

表 2-33　微量元素水溶肥料液体产品技术指标

项目	指标
微量元素含量[a]，g/L	≥100
水不溶物含量，g/L	≤50
pH 值（1∶250 倍稀释），g/L	3.0～10.0

[a] 微量元素含量指铜、铁、锰、锌、硼、钼元素含量之和。产品中应至少包含一种微量元素。含量不低于 0.5g/L 的单一微量元素均应计入微量元素含量中。钼元素含量不高于 10g/L（单质含钼微量元素产品除外）

（三）含腐植酸水溶肥料

以适合植物生长所需比例的矿物源腐植酸、添加适量氮、磷、钾大量元素或铜、铁、锰、锌、硼、钼微量元素而制成的液体或固体水溶肥料。执行标准 NY 1106—2010。含腐植酸水溶肥料中汞、砷、镉、铅、铬限量指标应符合 NY 1110—2010 的要求（表 2-34、表 2-35、表 2-36）。

表 2-34 含腐植酸水溶肥料（大量元素型）固体产品技术指标

项目	指标
腐植酸含量，%	≥3.0
大量元素含量[a]，%	≥20.0
水不溶物含量，%	≤5.0
pH 值（1∶250 倍稀释）	4.0～10.0
水分（H_2O），%	≤5.0

[a] 大量元素含量指总 N、P_2O_5、K_2O 含量之和。产品应至少包含两种大量元素。单一大量元素含量不低于 2.0%

表 2-35 含腐植酸水溶肥料（大量元素型）液体产品技术指标

项目	指标
腐植酸含量，g/L	≥30
大量元素含量[a]，g/L	≥200
水不溶物含量，g/L	≤50
pH 值（1∶250 倍稀释）	4.0～10.0

[a] 大量元素含量指总 N、P_2O_5、K_2O 含量之和，产品应至少包含两种大量元素，单一大量元素含量不低于 20g/L

表 2-36 含腐植酸水溶肥料（微量元素型）产品技术指标

项目	指标
腐植酸含量，%	≥3.0
微量元素含量[a]，%	≥6.0
水不溶物含量，%	≤5.0
pH 值（1∶250 倍稀释）	4.0～10.0
水分（H_2O），%	≤5.0

[a] 微量元素含量指铜、铁、锰、锌、硼、钼元素含量之和。产品应至少包含一种微量元素，含量不低于 0.05% 的单一微量元素均应计入微量元素含量中。钼元素含量不高于 0.5%

（四）含氨基酸水溶肥料

以游离氨基酸为主体的，按适合植物生长所需比例，添加以适量的钙、镁中量元素或铜、铁、锰、锌、硼、钼微量元素而制成的液体或固体水溶肥料。执行标准 NY 1429—2010。含氨基酸水溶肥料中汞、砷、镉、铅、铬限量指标应符合 NY 1110—2010 的要求（表 2-37、表 2-38、表 2-39、表 2-40）。

表 2-37　含氨基酸水溶肥料（中量元素型）固体产品技术指标

项目	指标
游离氨基酸含量，%	≥10.0
中量元素含量[a]，%	≥3.0
水不溶物含量，%	≤5.0
pH 值（1∶250 倍稀释）	3.0～9.0
水分（H_2O），%	≤4.0

[a] 中量元素含量指钙、镁元素含量之和。产品中应至少包含一种中量元素。含量不低于 0.1% 的单一中量元素均应计入中量元素含量中

表 2-38　含氨基酸水溶肥料（中量元素型）液体产品技术指标

项目	指标
游离氨基酸含量，g/L	≥100
中量元素含量[a]，g/L	≥30
水不溶物含量，g/L	≤50
pH 值（1∶250 倍稀释）	3.0～9.0

[a] 中量元素含量指钙、镁元素含量之和。产品中应至少包含一种中量元素。含量不低于 1g/L 的单一中量元素均应计入中量元素含量中

表 2-39　含氨基酸水溶肥料（微量元素型）固体产品技术指标

项目	指标
游离氨基酸含量，%	≥10.0
微量元素含量[a]，%	≥2.0
水不溶物含量，%	≤5.0
pH 值（1∶250 倍稀释）	3.0～9.0
水分（H_2O），%	≤4.0

[a] 微量元素含量指铜、铁、锰、锌、硼、钼元素含量之和。产品中应至少包含一种微量元素。含量不低于 0.05% 的单一微量元素均应计入微量元素含量中。钼元素含量不高于 0.5%

表 2-40　含氨基酸水溶肥料（微量元素型）液体产品技术指标

项目	指标
游离氨基酸含量，g/L	≥100
微量元素含量ª，g/L	≥20
水不溶物含量，g/L	≤50
pH 值（1∶250 倍稀释）	3.0～9.0

ª 微量元素含量指铜、铁、锰、锌、硼、钼元素含量之和。产品中应至少包含一种微量元素。含量不低于 0.5g/L 的单一微量元素均应计入微量元素含量中。钼元素含量不高于 5g/L

（五）农林保水剂

用于改善植物根系或种子周围土壤水分性状的土壤调理剂。执行标准 NY 886—2010。农林保水剂中汞、砷、镉、铅、铬限量指标应符合 NY 1110—2010 的要求（表 2-41）。

表 2-41　农林保水剂技术指标

项目	指标
吸水倍数，g/g	100～700
吸盐水（0.9%NaCl）倍数，g/g	≥30
水分含量（H_2O）含量，%	≤8
pH 值（1∶1 000 倍稀释）	6.0～8.0
粒度（≤18mm 或 0.18～2.00mm 或 2.00～4.75mm），%	≥90

（六）水溶肥料汞、砷、镉、铅、铬的限量要求

水溶肥料汞、砷、镉、铅、铬元素限量指标，执行标准 NY 1110—2010（表 2-42）。

表 2-42　水溶肥料汞、砷、镉、铅、铬的限量要求（单位：mg/kg）

项目	指标
汞（Hg）（以元素计）	≤5
砷（As）（以元素计）	≤10
镉（Cd）（以元素计）	≤10
铅（Pb）（以元素计）	≤50
铬（Cr）（以元素计）	≤50

三、水溶肥料的鉴别

（一）看外包装标志

看是否规范标志了产品名称、有效成分名称和含量、生产企业和生产地址、肥料的登记证号、执行标准号、净重、生产日期、适用作物、使用方法等，首先从外观上进行简易识别。

（二）看溶解情况

把一小袋水溶性肥料和1kg左右的水混合，看溶解情况。若全部溶解没有沉淀，说明产品质量较好，有效养分高，养分易于被作物吸收。若不能完全溶解有沉淀，说明该产品水不溶物含量高，在喷施时易堵塞喷雾器喷头，并且还会造成作物对养分的利用率不高。

（三）看剂型和干燥度

水溶肥料有固体和液体水溶肥两种类型，一般固体优于液体。固体又分颗粒状和粉状两种，颗粒状的要优于粉状的。因为颗粒状经过特殊工艺加工而成，具有施用方便、干燥程度高以及易于保存等优点。

（四）看是否有沉淀物

不要选择液体肥料中有太多沉淀的产品，这样的肥料产品一般存放时间较长，在喷施时易堵喷嘴，并且养分利用率降低。

四、水溶肥料的施用与贮存

（一）肥料品种

应根据土壤状况、作物需肥规律选择肥料类型。一般在基肥不足的情况下，可以选用大量元素水溶肥料或含腐植酸水溶肥料（大量元素型）；在基肥施用充足、微量元素不足的情况下，可以选用微量元素水溶肥料、含氨基酸水溶肥料、含腐植酸的水溶肥料（微量元素型）。

（二）施用方法

水溶肥的施用方法与一般化肥不尽相同，一般都是与灌水相结合，通过不同灌溉方式将肥料和灌溉水一体化施到根周围土壤或作物叶面。根据灌水方式的不同，施肥又可分为喷施、冲施、滴灌、喷灌、无土栽培等。固态水溶肥的施用，需先溶解并配成混合溶液，再进行灌施或喷施。液体水溶肥需装备管道、贮罐、施肥机等配套设备，肥料很易溶入灌溉水中，既可喷灌和滴灌，也可对水稀释后直接作叶面肥喷施。

①叶面喷施：叶面喷施是指把水溶肥料先行稀释溶解于水中喷施于作物叶面，通过叶面气孔进入植株内部，可以极大地提高肥料吸收利用效率。水溶肥料多用于叶面喷施，为提高喷肥的效果，选择合适的喷施时间和部位非常重要。一般选择在9：00～11：00时和15：00～17：00时喷施。喷施部位应选择幼嫩叶片和叶片背面，一般7～10天一次，连续3次。此外喷施应避免阴雨、低温或高温暴晒，喷后遇雨要重新喷施。要随配随用，不能久存，长时间存放产生沉淀，会降低肥料有效性。

②灌溉施肥：通过土壤浇水或者在灌溉的时候，先行将水溶肥料混合在灌溉水中，这样可以让植物根部全面地接触到肥料，通过根的呼吸作物把化学营养元素运输到植株的各个组织中。

（三）施用浓度

要掌握好施用浓度，浓度过低施用效果不明显，浓度过高会对作物产生危害，并且造成浪费。应根据产品使用说明书、肥料类型、作物种类、作物生长发育情况确定施用浓度。一般情况下喷施浓度可选择稀释800～1 000倍液。

（四）施用时期

根据不同作物，选择关键的生长时期施用，以达到最佳效果。

（五）水溶肥料的贮存

产品应贮存于阴凉干燥处，运输过程中应防压、防晒、防渗、防破裂。

第九节 微生物肥料

微生物肥料指含有特定微生物活体的制品，应用于农业生产，通过其中所含微生物的生命活动，增加植物养分的供应量或促进植物生长，提高产量，改善农产品品质及农业生态环境。

一、微生物肥料的特点

（一）增加土壤肥力

这是微生物肥料的主要功效。如各种自生、联合、共生的固氮微生物肥料，可以增加土壤中的氮素来源，多种解磷、解钾微生物的应用，可以将土壤中难溶的磷、钾分解出来为作物吸收利用，从而改善作物生长的土壤环境中营养元素的供应状况,同时增加土壤中有机质含量,提高土壤肥力。

(二)制造和协助农作物吸收营养

微生物肥料中最重要的品种之一是根瘤菌肥,通过生物固氮作用,将空气中氮气转化成氨,进而转化成植物能吸收利用的氮素化合物。VA菌根是一种土壤真菌,可以与多种植物根共生,其菌丝伸长可以吸收更多的营养(如磷、锌、铜、钙等)供给植物吸收利用。许多用作微生物肥料的微生物还可以产生大量的植物生长激素,能够刺激和调节作物生长,改善营养状况。

(三)增强作物抗病和抗旱能力

有些微生物肥料的菌种接种后,在作物根部大量生长繁殖,成为作物根际的优势菌。抑制或减少病原菌微生物的作用,减轻作物病害,VA菌根真菌的菌丝还能增加水分吸收,提高作物的抗旱能力。

(四)适量减少化肥用量

施用微生物肥料,能够适量减少化肥用量。另外与化学肥料相比,微生物肥料生产所消耗的能源要少,生产成本降低,且微生物肥料用量相对减少,有利于生态环境造保护。

二、微生物肥料的主要类别

微生物肥料的主要类别有农用微生物菌剂,复合微生物肥料,生物有机肥。

(一)农用微生物菌剂

农用微生物菌剂是指目标微生物(有效菌)经过工业化生产扩繁后加工制成的活菌制剂。它具有直接或间接改良土壤、恢复地力、维持根际微生物区系平衡,降解有毒有害物质等作用;应用于农业生产,通过其中所含微生物的生命活动,增加植物养分的供应量或促进植物生长、改善农产品品质及农业生态环境。执行标准 GB 20287—2006(表 2-43、表 2-44、表 2-45)。

产品按剂型可分为液体、粉剂、颗粒型;按内含的微生物种类或功能特性可分为根瘤菌菌剂、固氮菌菌剂、解磷类微生物菌剂、硅酸盐微生物菌剂、光合细菌菌剂、有机物料腐熟剂、促生菌剂、菌根菌剂、生物修复菌剂等。

表 2-43　农用微生物菌剂产品的技术指标

项目		剂型		
		液体	粉剂	颗粒
有效活菌数（cfu）[a]，亿/g（mL）	≥	2.0	2.0	1.0
真菌杂菌数，个/g（mL）	≤	3.0×10^6	3.0×10^6	3.0×10^6
杂菌率，%	≤	10.0	20.0	30.0
水分，%	≤	—	35.0	20.0
细度，%	≥	—	80	80
pH 值		5.0～8.0	5.5～8.5	5.5～8.5
保质期[b]，月	≥	3	6	

[a] 复合菌剂，每种有效菌的数量不得少于 0.01 亿/g 或 0.01 亿/mL；以单一的胶质芽孢杆菌制成的粉剂产品中有效活菌数不少于 1.2 亿/g
[b] 此项仅在监督部门或双方认为有必要时检测

表 2-44　有机物料腐熟剂产品的技术指标

项目		剂型		
		液体	粉剂	颗粒
有效活菌数（cfu），亿/g（mL）	≥	1.0	0.50	0.50
纤维素酶活[a]，U/g（mL）	≥	30.0	30.0	30.0
蛋白酶活[b]，U/g（mL）	≥	15.0	15.0	15.0
水 分，%	≤	—	35.0	20.0
细 度，%	≥	—	70	70
pH 值		5.0～8.5	5.5～8.5	5.5～8.5
保质期[c]，月	≥	3	6	

[a] 以农作物秸秆类为腐熟对象测定纤维素酶活
[b] 以畜禽粪便类为腐熟对象测定蛋白酶活
[c] 此项仅在监督部门或仲裁双方认为有必要时检测

表 2-45　农用微生物菌剂产品的无害化技术指标

参数		标准极限
粪大肠菌群数，个/g（mL）	≤	100
蛔虫卵死亡率，%	≥	95
砷及其化合物（以 As 计），mg/kg	≤	75
镉及其化合物（以 Cd 计），mg/kg	≤	10
铅及其化合物（以 Pb 计），mg/kg	≤	100
铬及其化合物（以 Cr 计），mg/kg	≤	150
汞及其化合物（以 Hg 计），mg/kg	≤	5

（二）复合微生物肥料

复合微生物肥料是指特定微生物与营养物质复合而成，能提供、保持或改善植物营养，提高农产品产量或改善农产品品质的活体微生物制品。执行标准 NY/T 798—2004（表 2-46、表 2-47）。

表 2-46　复合微生物肥料产品技术指标

项目		剂型		
		液体	粉剂	颗粒
有效活菌数（cfu）[a]，亿/g（mL）	≥	0.50	0.20	0.20
总养分（$N+P_2O_5+K_2O$），%	≥	4.0	6.0	6.0
杂菌率，%	≤	15.0	30.0	30.0
水分，%	≤	—	35.0	20.0
pH 值		3.0～8.0	5.0～8.0	5.0～8.0
细度，%	≥	—	80.0	80.0
有效期[b]，月	≥	3	6	

[a] 含两种以上微生物的复合微生物肥料，每一种有效菌的数量不得少于 0.01 亿/g（mL）
[b] 此项仅在监督部门或仲裁双方认为有必要时才检测

表 2-47 复合微生物肥料产品无害化指标

参数		标准极限
粪大肠菌群数，个/g（mL）	≤	100
蛔虫卵死亡率，%	≥	95
砷及其化合物（以 As 计），mg/kg	≤	75
镉及其化合物（以 Cd 计），mg/kg	≤	10
铅及其化合物（以 Pb 计），mg/kg	≤	100
铬及其化合物（以 Cr 计），mg/kg	≤	150
汞及其化合物（以 Hg 计），mg/kg	≤	5

（三）生物有机肥

生物有机肥指特定功能微生物与主要以动植物残体（如畜禽粪便、农作物秸秆等）为来源并经无害化处理、腐熟的有机物料复合而成的一类兼具微生物肥料和有机肥效应的肥料。执行标准 NY 884—2004。生物有机肥产品中 As、Cd、Pb、Cr、Hg 含量指标应符合 NY/T 798—2004 中 4.2.3 的规定。若产品中加入无机养分，应明示产品中总养分含量，以 $(N+P_2O_5+K_2O)$ 总量表示（表 2-48）。

表 2-48 生物有机肥主要技术指标

项目		剂型	
		粉剂	颗粒
有效活菌数（cfu），亿/g	≥	0.20	0.20
有机质（以干基计），%	≥	25.0	25.0
水分，%	≤	30.0	15.0
pH 值		5.5～8.5	5.5～8.5
粪大肠菌群数，个/g（mL）	≤	100	
蛔虫卵死亡率，%	≥	95	
有效期，月	≥	6	

三、微生物肥料的鉴别

（一）外包装标志鉴别

看是否规范标志以下内容：肥料名称、有效菌种类、含量、养分含量、执行标准、肥料登记证号、生产厂家、生产地址、生产日期、有效期、适用作物、使用方法、净重等。

（二）外观鉴别

微生物肥料一般分为液体、粉剂和颗粒，粉剂产品应松散，颗粒产品应无明显机械杂质、大小均匀，具有稀释性。

（三）生物有机肥和一般有机肥的简易区别

生物有机肥和一般有机肥可以根据包装不同，色泽不同，气味不同加以简单区别。生物有机肥外包装比其他有机肥要精致，外包装标注有效成分、含有效活菌数等指标。生物有机肥在有益微生物作用下，发酵腐熟充分，外观呈褐色或黑褐色，色泽比较单一，而一般有机肥因生产操作不同，产品颜色各异。生物有机肥没有异味，一般有机肥可能由于发酵不彻底，带有臭味。

四、微生物肥料的施用与贮存

微生物肥料可用做基肥、追肥，沟施或穴施，还可拌种、浸种、蘸根。生物有机肥一般做基肥、追肥。农用微生物菌剂除做基肥、种肥、追肥外，还可叶面喷施等。一般情况下微生物肥料作基肥、种肥效果优于茎叶喷施。

（一）农用微生物菌剂的施用方法

1. 基肥、追肥和育苗肥

固态菌剂每公顷 30kg 左右与 600～900kg 有机肥混合均匀后使用，可做基肥、追肥和育苗肥用。

2. 拌土

在作物育苗时，将固态菌剂掺入营养土中充分混匀制作营养钵，也可在果树等苗木移栽前，混入稀泥浆中蘸根。

3. 拌种

播种前将种子浸入 10～20 倍菌剂稀释液或用稀释液喷湿，使种子与液态生物菌剂充分接触后再播种。或将种子用清水或小米汤喷湿，拌入固态菌剂充分混匀，使所有种子外覆有一层固态生物肥料时便可播种。

4. 浸种

菌剂加适量水浸泡种子，捞出晾干，种子露白时播种。或将固态菌剂浸泡 1～2 小时后，用浸出液浸种。

5. 蘸根、喷根

①蘸根：液态菌剂稀释 10～20 倍，幼苗移栽前把根部浸入液体蘸湿后立即取出即可。②喷根：当幼苗很多时，可将 10～20 倍稀释液喷湿

幼苗根部即可。

6. 灌根、冲施

按1∶100的比例将菌剂稀释，搅拌均匀后灌根或冲施。

7. 叶面喷施

在作物生长期内可以进行叶面追肥，把菌剂稀释500倍左右或按说明书要求的倍数稀释后，均匀喷施在叶子的背面和正面。

（二）复合微生物肥料的施用方法

①做基肥：固态复合微生物肥料一般每公顷施用150～300kg，和农家肥一起施入。

②做追肥：固态复合微生物肥料一般每公顷施用150～300kg，在作物生长期间追施。

③叶面喷施：在作物生长期内进行叶面追肥，稀释500倍左右或按说明书要求的倍数稀释后，进行叶面喷施。

（三）生物有机肥的施用方法

①做基肥：一般每公顷施用1 500kg左右，和农家肥一起施入，经济作物和设施栽培作物根据当地种植习惯可酌情增加用量。

②做追肥：与化肥相比，生物有机肥的营养全、肥效长，但生物有机肥的肥效比化肥要慢一点。因此，使用生物有机肥做追肥时应比化肥提前7～10天，用量可按化肥做追肥的等量投入。

（四）微生物肥料施用注意事项

微生物肥料是生物活性肥料，施用方法比化肥、有机肥严格，有特定的施用要求，使用时要注意施用条件，严格按照产品使用说明书操作，否则难以获得良好的使用效果。施用中应注意以下几点。

①微生物肥料对土壤条件要求相对比较严格。微生物肥料施入土壤后，需要一个适应、生长、供养、繁殖的过程，一般15天后可以发挥作用，见到效果，而且长期均衡的供给作物营养。

②微生物肥料适宜施用时间是清晨和傍晚或无雨阴天，以避免阳光中的紫外线将微生物杀死。

③微生物肥料应避免高温干旱条件下使用。施用微生物肥料时要注意温、湿度的变化，在高温干旱条件下，微生物生存和繁殖会受到影响，不能充分发挥其作用。要结合盖土浇水等措施，避免微生物肥料受阳光直射或因水分不足而难以发挥作用。

④微生物肥料不能长期泡在水中。在水田里施用应干湿灌溉，促进生物菌活动，由好气性微生物为主的产品，则尽量不要用在水田。严重

干旱的土壤会影响微生物的生长繁殖,微生物肥料适合的土壤含水量为50%~70%。

⑤微生物肥料可以单独施用,也可以与其他肥料混合施用。但微生物肥料应避免与未腐熟的农家肥混用,与未腐熟的有机肥混用,会因高温杀死微生物,影响肥效。同时,也要注意避免与过酸过碱的肥料混合使用。

⑥微生物肥料应避免与农药同时使用。化学农药都会不同程度地抑制微生物的生长和繁殖,甚至杀死微生物。不能用拌过杀虫剂、杀菌剂的工具装微生物肥料。

⑦微生物肥料不宜久放。拆包后要及时施用,包装袋打开后,其他菌就可能侵入,使微生物菌群发生改变,影响其使用效果。

(五) 微生物肥料的贮存

微生物肥料应贮存在阴凉、干燥、通风的库房内,不得露天堆放,以防日晒雨淋,避免不良条件的影响。运输过程中有遮盖物,防止雨淋、日晒及高温。气温低于 0 ℃时采取适当措施,以保证产品质量。轻装轻卸,避免包装破损。严禁与对微生物肥料有毒、有害的其他物品混装、混运。

第十节 有机肥料

以畜禽粪便、动植物残体和以动植物产品为原料加工的下脚料为原料,并经发酵腐熟后制成的有机肥料。执行标准:NY 525—2011(表2-49、表2-50)。有机肥料中蛔虫卵死亡率和粪大肠菌群数指标应符合 NY 884 的要求。本标准不适用于绿肥、农家肥和其它由农民自积自造的有机粪肥。

表 2-49 有机肥料的技术指标

项目	指标
有机质的质量分数(以烘干基计),%	≥45
总养分(氮+五氧化二磷+氧化钾)的质量分数(以烘干基计),%	≥5.0
水分(鲜样)的质量分数,%	≤30
酸碱度,pH	5.5~8.5

表 2-50　有机肥料中重金属的限量指标　　单位为毫克每千克

项目	限量指标
总砷（As）（以烘干基计）	≤15
总汞（Hg）（以烘干基计）	≤2
总铅（Pb）（以烘干基计）	≤50
总镉（Cd）（以烘干基计）	≤3
总铬（Cr）（以烘干基计）	≤150

一、有机肥料的特点

有机肥料是富含有机物质，能够提供作物生长所需养分，又能培肥改良土壤的一类肥料。过去有机肥料主要是农民就地取材、就地积造的自然肥料，所以也叫农家肥。近年来工厂化加工的有机肥料大量涌现，有机肥料已经走出农家肥的局限，形成商品有机肥料。有机肥的作用主要有以下几个方面：

（一）提供作物所需养分

有机肥料富含作物生长所需养分，能源源不断供给作物生长。提供养分是有机肥料的最基本特征，也是其最主要的作用。同化肥比较，有机肥料显著特点是：

①养分全面，不仅含有作物所需要的 16 种营养元素，还含有其他有益于作物生长的元素，可全面促进作物生长。

②养分释放均匀长久，有机肥所含的养分多以有机态形式存在，通过微生物分解转变为作物可利用的形态，可缓慢释放，长久供应作物养分，比较而言化肥所含养分多为速效养分，施入土壤后肥效快但有效供应时间短。

③养分含量低，使用时应配合化肥，以满足作物旺盛生长期对养分的大量需求。

（二）改良土壤结构，增强土壤肥力

①提高土壤有机质含量，更新土壤腐殖质组成，培肥土壤。施入土壤的有机肥料，在微生物作用下，分解转化成简单的化合物，同时经过生物化学的作用又重新组合成新的、更为复杂的、比较稳定的土壤特有大分子高聚有机化合物，即腐殖质，腐殖质是土壤中稳定的有机质，对土壤肥力有重要作用。

②改善土壤物理性状：施用有机肥能够降低土壤的容重，改善土壤

通气状况，使耕性变好，有机质保水能力强，比热容较大，导热性小，较易吸热，调温性好。

③增加土壤保水保肥能力，为植物生长创造良好的土壤环境。

（三）提高土壤的生物活性，刺激作物生长

有机肥料是微生物取得能量和养分的主要来源，施用有机肥料，有利于土壤微生物活动，促进作物生长发育。微生物的代谢产物不仅是氮、磷、钾等无机养分，还含有多种氨基酸、维生素、激素等物质，可为植物生长发育带来巨大的影响。

（四）提高解毒作用，净化土壤环境

有机肥料能够提高土壤阳离子的代换量，增加对重金属的吸附，有效地减轻重金属离子对作物的毒害，并阻止其进入植株中。

二、有机肥料的鉴别

（一）看包装标志

看是否规范标志了肥料产品名称、氮磷钾总养分含量、有机质含量、执行标准号、肥料登记证号、生产厂家、生产地址、联系电话、使用方法、生产日期、净重等。可首先通过外包装标注的以上几项是否齐全来辨别该肥料产品是否为规范、合法的肥料产品。

（二）看外观

有机肥料一般为褐色或灰褐色，粒状或粉状，无木棍、砖石瓦块等机械杂质，质量较好的有机肥颗粒均匀，粉末疏松。

（三）闻味道

开袋后有明显恶臭且带酸味的，说明发酵不充分，产品不合格。合格的产品应发酵充分、无臭味和酸味。

（四）看水分

用手抓一把肥料握紧后松开，肥料应该不结块，有明显膨胀弹性，如果松开后肥料成团，说明水分含量明显超标。还要观察是否发霉，有机肥料的水分含量一般比其他肥料要高，但一些劣质的有机肥料由于水分太高而使得产品发霉，因此，在选购有机肥产品时不要选购已发霉的产品。

（五）注意事项

有机肥料是一种比较易于加工、制作的肥料，因此有一部分规模较小的企业进行手工作坊式生产，这样的有机肥料产品质量难以得到保证。应尽量选择规模比较大、信誉比较好的生产厂家的产品。

三、有机肥料的施用与贮存

（一）施用方法

有机肥料可以做基肥也可以做追肥。由于有机肥肥效长，养分释放缓慢，一般应做基肥施用，结合深耕施入土层中，有利于改良和培肥土壤。

（二）施用量

有机肥施用要适量，应根据土壤肥力、作物类型和目标产量确定合理的用量，一般用量为每亩 300~500kg。有机肥养分含量低，在含有多种营养元素的同时还含有多种重金属元素，过量施用也会产生危害，主要表现为烧苗、土壤养分不平衡、重金属等有害物质积累污染土壤和地下水等，也会影响农产品品质。

（三）有机无机合理搭配

有机肥与化肥之间以及有机肥料品种之间应合理搭配，才能充分发挥肥料的缓效与速效结合的优点。有机肥料中虽然养分含量较全，但含量低，而且肥效慢，与速效性的化肥配合施用，可以互为补充，使作物整个生育期有足够的养分供应，而不会产生前期营养供应不足或后期脱肥现象。

（四）有机肥料的贮存

有机肥料应贮存于场地平整、阴凉、通风、干燥的仓库内，防止霉变受潮。在运输过程中应防潮、防晒、防破裂。

第十一节　有机-无机复混肥料

有机-无机复混肥料：以畜禽粪便、动植物残体等富含有机质的副产品资源为主要原料，经发酵腐熟后，添加无机肥料制成的肥料。执行标准 GB 18877—2002（表 2-51）。

表 2-51　有机-无机复混肥料的技术指标

项　目		指标
总养分（$N+P_2O_5+K_2O$）的质量分数[a]/%	≥	15.0
水分（H_2O）的质量分数/%	≤	10.0
有机质的质量分数/%	≥	20
粒度（1.00~4.75mm 或 3.35~5.60mm）/%	≥	70

(续表)

项 目		指标
酸碱度 pH 值		5.5~8.0
蛔虫卵死亡率/%	≥	95
大肠菌值	≥	10^{-1}
含氯离子（Cl^-）的质量分数[b]/%	≤	3.0
砷及其化合物（以 As 计）的质量分数/%	≤	0.0050
镉及其化合物（以 Cd 计）的质量分数/%	≤	0.0010
铅及其化合物（以 Pb 计）的质量分数/%	≤	0.0150
铬及其化合物（以 Cr 计）的质量分数/%	≤	0.0500
汞及其化合物（以 Hg 计）的质量分数/%	≤	0.0005

a 标明的单一养分的质量分数不得低于2.0%，且单一养分测定值与标明值负偏差的绝对值不得大于1.0%

b 如产品氯离子的质量分数大于3.0%，并在包装容器上标明"含氯"，该项目可不做要求

一、有机-无机复混肥料的特点

（一）养分供应平衡，肥料利用率高

有机-无机复混肥既含有化肥成分又含有有机质，具有比无机肥和有机肥更全面的性能。既能实现一般无机肥的氮磷钾养分平衡，还能实现有机无机平衡。

（二）改土培肥

一般无机复混肥用地而难养地，一般有机肥养地作用大而当季供肥不足。有机-无机复混肥料则兼有用地养地功能。

（三）活化土壤养分

通过有机无机复混肥的化学和生物化学作用，可活化土壤中氮磷钾及中微量养分等。

（四）具有生理调节作用

由于有机-无机复混肥中有机成分含有相当数量的生理活性物质，因此除具有一般的营养作用外，还具有独特的生理调节作用。

二、有机-无机复混肥料的鉴别

（一）包装标志

看外包装标志是否规范标志了肥料产品名称、氮磷钾总养分含量及

配比、有机质含量、执行标准、生产许可证号、肥料登记证号、生产厂家、生产地址、联系电话、使用方法、生产日期、净重等。一般可通过外包装上以上各项是否齐全来鉴别肥料是否为正规产品。

（二）产品外观

有机-无机复混肥料一般为均匀的颗粒状或条状，无机械杂质，颗粒的色泽一般较深，没有明显的氨味或其他异味。如果有恶臭，则产品在生产工艺及除臭水平上没有达到有关质量标准的要求。有机-无机复混肥料比重比复混肥料小，松散，与等量复混肥料相比所占的体积要大。

（三）价格因素

有机-无机复混肥料质量和价格是成正比例关系的，氮磷钾总养分含量和有机质含量均高的产品一般价格也较高，所以，在选择购买此类肥料时不能仅考虑价格便宜。

三、有机-无机复混肥料的施用与贮存

（一）施用方法

一般可做基肥，也可做追肥和种肥。但做种肥，特别是在条施、点施和穴施时要避免与种子的直接接触，避免有机物的降解作用以及化肥对种子发芽产生不良影响。

（二）施用量

在施用有机-无机复混肥料时必须同时考虑土壤、作物等因素。虽然有机-无机复混肥料含有一定数量有机质和氮磷钾养分，具有一定的改土培肥作用和养分释放作用，但其作用有限，因此，要注意有机肥的投入和化肥补充。要根据肥料中的有效成分含量和比例，根据土壤养分、作物种类和作物生长发育情况，确定合理用量。

（三）施用注意事项

有机-无机复混肥不同于纯有机肥，它在制造的过程中添加了一些化肥，化肥中的氯离子对有些作物是有害的，在选择肥料时要注意其外包装上是否标注含氯，以免含氯肥料造成作物的减产或绝收。

（四）有机-无机复混肥料的贮存

有机-无机复混肥料应贮存于阴凉干燥处，运输过程中应防潮、防晒、防破裂。

第十二节 农家肥和绿肥

一、人粪尿

（一）人粪尿的性质与成分

人粪尿在有机肥料中具有养分含量高、氮多磷钾少、易腐熟、肥效快等特点。含氮1.0%、含磷0.5%、含钾0.37%左右，含有机物质20%左右，主要有纤维素、半纤维素、蛋白质及分解产物等，含灰分5%左右，主要是硅酸盐、磷酸盐、氯化物及钙、镁、钾、钠等盐类，含水分70%~80%。

（二）人粪尿的施用

人粪尿适用于多种土壤与作物，特别是对叶菜类作物和纤维类作物增产效果尤为显著。人粪尿可做基肥和追肥，做基肥用量一般为每亩500~1 000kg，因磷、钾含量较低，施用时应注意配合磷钾肥或其他有机肥。做追肥时，因含有无机盐较多，施用前必须加水稀释，尤其在幼苗期施用应增加稀释倍数。

人粪尿中含有病源菌和寄生虫卵，施用前必须进行无害化处理，必须经过充分腐熟后才可施用，以免污染环境和产品。人粪尿中含有较多的氯离子，不适于盐碱地、不适于在马铃薯、甘薯、甜菜、烟草、瓜果等忌氯作物上施用，以免降低产品品质。人粪尿不能与碱性肥料混施。人粪尿每次用量不宜过多，旱地应加水稀释，施后覆土，水田应结合耕田，浅水匀泼，以免挥发和流失。

二、畜禽粪尿

（一）畜禽粪尿的性质与成分

各种畜禽粪尿的成分和性质各异。

家畜粪成分复杂，主要有纤维素，半纤维素，木质素，蛋白质，氨基酸，脂肪类，有机酸，酶和无机盐类。有机质含量高，为15%~30%。其中，氮素大部分呈有机态，须经缓慢分解后才能被作物吸收，属于迟效性肥料，但腐熟后，形成的腐殖质多，阳离子交换量大，改土效果好。家畜粪中的磷素，一部分呈有机态，另一部分是无机硝酸盐，两者与其他物质共同存在，可以减少被土壤所固定，肥效较高。家畜粪中的钾素，大部分是水溶性的，肥效也较高。

家畜尿成分简单，主要有尿素，尿酸，马尿酸，钾，纳，钙，镁等无机盐类。含有较多的水溶性氮，主要形态为尿素、马尿酸及尿素态氮。家畜尿含钾量比畜粪高，钾的形态为碳酸钾和有机酸钾，呈碱性反应，能溶于水，易被作物吸收利用。

家禽粪和各种羊粪的养分含量均比家畜粪尿高，其中，氮素主要为尿素盐，分解快，发热量高，属于热性肥料，但必须经过腐熟后才能使用。

（二）畜禽粪尿的施用

畜禽粪尿的施用方法与人粪尿相似，必须经过腐熟后才可施用。畜禽粪宜做基肥，撒施和集中施用均可，用量一般为每亩1 000～1 500kg。畜尿宜做追肥。

在施用时应根据土壤质地和作物类型选择施用，对于黏重土壤和生育期较短的作物，应选择腐熟度较高的粪肥，对于砂质土壤和生育期较长的作物，可以施用腐熟度较低的粪肥。猪粪和猪圈肥为中性肥料，适于各种土壤和作物。牛粪和牛厩肥属冷性肥料，有利于改良有机质低的轻质土壤。马粪和马厩肥属热性肥料，可用来改良质地黏重的土壤。羊粪和羊厩肥属于热性肥料，是优质有机肥，适用于各种土壤和作物。

三、厩肥

（一）厩肥的成分与性质

厩肥是家畜粪尿和各种垫圈材料、饲料残渣混合堆积并经微生物作用而成的肥料，富含有机质和各种营养元素，其成分因家畜种类、饲料种类、垫料的种类和数量而不同。各种畜粪中，以羊粪的氮、磷、钾含量最高，猪、马粪次之，牛粪最低。一般来说，新鲜厩肥平均含有有机质25%、氮（N）0.5%，磷（P_2O_5）0.25%，钾（K_2O）0.6%，此外，还含有钙、镁、硫等养分。新鲜厩肥中的养分呈有机态，含有较多的纤维素，半纤维素，碳氮比高，直接施用会与作物争氮，应经堆制腐熟后才可施用。厩肥施入土壤后氮素利用率为10%～20%，磷素利用率为30%～40%，钾素利用率为60%～70%，其肥效比化肥肥效长。

（二）厩肥的施用

厩肥必须经过腐熟后才可施用，腐熟的厩肥或家畜肥可以作基肥，也可以做种肥或追肥，厩肥做基肥一般每亩4 000～5 000kg，撒施或集中施用均可，并应与化肥配合一起施用。另外，应根据土壤和作物选择厩肥的腐熟度，质地黏重的土壤种植蔬菜作物，应选用腐熟度高的厩肥，质地轻松的砂质土壤，可选用腐熟度低的厩肥，生育期较长的作物，可施用腐熟度低的厩肥，生育期短的作物，应选用腐熟度较高的厩肥。

四、堆肥

（一）堆肥的成分与性质

堆肥是利用各种植物残体（作物秸秆、杂草、树叶、泥炭、垃圾以及其他废弃物等）为主要原料，混合人畜粪尿经堆制腐解而成的有机肥料。堆肥所含营养物质比较丰富，有机质含量高，并且肥效长而稳定，同时有利于促进土壤团粒结构的形成，能增强土壤保水、保温、透气、保肥的能力。而且与化肥混合使用可以弥补化肥所含养分单一及长期单一使用化肥使土壤板结、保水保肥性能减退的缺陷。

（二）堆肥的施用

堆肥是一种含有有机质和各种营养物质的完全肥料，长期施用能够起到培肥改土的作用。堆肥必须经过腐熟后才可施用，适用于各种土壤和作物。一般用作基肥，可以结合翻地时使用，与土壤充分混匀，做到土肥融合。堆肥的用量一般为每亩1 500~2 500kg。在不同土壤上施用堆肥的方法不同，生育期长的作物、砂性土壤以及温暖多雨的季节和地区可施用腐熟度低的堆肥，生育期短、黏性重的土壤、雨少的季节和地区，应施用充分腐熟的堆肥。施用堆肥还应配合施用化肥。

五、沤肥

（一）沤肥的成分和性质

沤肥是以作物秸秆、绿肥、青草为主要原料，掺入河泥、人畜粪尿在厌气条件下沤制、腐熟而成的肥料。沤肥的材料与堆肥差异不大，与堆肥不同的是沤肥是在淹水条件下，由微生物进行厌气分解，所以，堆制场地、技术条件、分解和腐熟过程有所不同。沤肥的养分含量因材料种类和配比不同，变幅很大，用绿肥沤制的比草皮沤制的养分含量高。

（二）沤肥的施用

沤肥一般用做基肥，大多用于水田做基肥，用量为每亩2 500~4 000kg，也可同速效肥料混合，做追肥施用。

六、饼肥

（一）饼肥的成分和性质

饼肥是油料作物的种子经炸油后剩下的残渣。主要有大豆饼、菜籽饼、花生饼、棉籽饼、麻籽饼、桐籽饼、茶籽饼等。饼肥富含氮、磷、钾，含氮较多，含磷、钾较少。不同饼肥的养分含量不尽相同，饼肥中的氮、磷多呈有机态，氮以蛋白质形态为主，磷以植素、卵磷脂为主，钾大都是水溶性的。此外，饼肥含有一定的油脂和脂肪酸化合物，吸水缓慢。所以，饼肥是一种迟效性有机肥，必须经过微生物发酵分解后才能更好地发挥肥效。

（二）饼肥的施用

饼肥是一种养分丰富的有机肥料，肥效高并且持久，适用于各种土壤和作物，一般多用在蔬菜、花卉、果树等附加值高的园艺作物上。饼肥必须经过腐熟后才可施用，可做基肥和追肥。饼肥做基肥可与堆肥、厩肥混合施用，应在播种前7～10天施入土壤，旱地条施或穴施，施后与土壤混匀，不要靠近种子，以免影响种子发芽。作追肥时，要经过发酵腐熟，否则施入土壤后继续发酵产生高温易使作物根部烧伤，可在行间开沟或穴施，施后盖土。饼肥的施用量应根据土壤肥力高低和作物类型而定，土壤肥力低的和耐肥作物可适当多施，反之应适当减少用量。一般中等肥力的土壤，果菜类蔬菜用量为每亩100kg左右，大田作物为每亩50kg左右。由于饼肥为迟效性肥料，应注意配合施用适量速效性氮、磷、钾肥。

七、沼气肥

（一）沼气肥的成分和性质

沼气肥是在密封的沼气池中，有机物腐解产生沼气后的副产品。包括沼气液和残渣。沼气肥的养分含量受原料种类、材料比例和水量大小的影响变异很大。沼气肥除了含有丰富的氮、磷、钾元素外，还含有硼、铜、铁、锰、锌、钙等元素以及大量的有机质、多种氨基酸和维生素等。沼气肥具有来源广、成本低、养分全、肥效长等特点，在农业生产中广泛应用。

沼气肥结构分上、中、底三层，上层水肥是沼气肥中数量最多、含有大量速效氮的高效能液体肥料，它具有见效快的优点，适用于粮食作物和蔬菜作早期追肥。施用前应先贮存于密封坑内数日。中层糊状肥的浓度高，肥力强，铵态氮的含量比较丰富，适用于粮食作物和蔬菜作中期追肥。其优点是肥分不易挥发，能较长久地释放肥力，充分供给农作物在快速生长阶段所需要的多种养分。底层沼渣肥含有大量腐殖质，适用于农作物底肥，可提高土壤保肥、蓄水能力。

(二) 沼气肥的施用

沼气发酵液和残渣可分别施用也可混合施用，可做基肥、追肥。一般残渣做基肥，发酵液做追肥，渣液混合物做基肥也可做追肥。渣液混合物做基肥用量每亩 1 600kg 左右，做追肥用量每亩 1 200kg 左右，发酵液做追肥用量每亩 2 000kg 左右。沼气肥应深施覆土，不要浅施更不要施于地表，深施 6~10cm 效果最好。

沼气肥在施用中要注意以下几点：一是出池后不要立即施用。沼气肥的还原性强，出池后若立即施用，会与作物争夺土壤中的氧气，影响种子发芽和根系发育，导致作物叶片发黄、凋萎。因此，沼气肥出池后，一般先在储粪池中存放 5~7 天后施用，若与磷肥按 10∶1 的比例混合堆沤 5~7 天后施用，效果更佳。二是沼液不能直接追施。沼液不对水直接施在作物上，尤其是用来追施幼苗，会使作物出现灼伤现象。作追肥时，要先对水，一般对水量为沼液的一半。三是不要表土撒施。宜采用穴施、沟施，然后盖土。四是不要过量施用。施用沼肥的量不能太多，一般要少于普通猪粪肥。若盲目大量施用，会导致作物徒长，行间阴蔽，造成减产。五是不能与草木灰、钙镁磷肥、石灰等碱性肥料混施，否则会造成氮肥的损失，降低肥效。

八、绿肥

(一) 绿肥的成分与性质

栽培或野生的绿色植物体作肥料用的均称作绿肥。绿肥按照来源分可分为栽培绿肥和野生绿肥，按照植物学科分可分为豆科绿肥、非豆科绿肥，按照生长季节分可分为冬季绿肥、夏季绿肥，按照生长期长短可分为一年生或越年生和多年生绿肥，按照生长环境分可分为水生绿肥、旱生绿肥和稻底绿肥。主要的绿肥种类有：紫云英、苕子、紫花苜蓿、草木樨等。

绿肥的作用主要是：一是绿肥是解决肥源的重要途径。二是绿肥是培肥土壤、改良土壤、改良生态环境的有效措施，绿肥能够增加耕层土壤养分，能够改良土壤理化性状、改良低产田，能够覆盖地面、防止水土流失、改善生态环境，还能够绿化环境、净化空气、净化污水等。

(二) 绿肥的施用

1. 绿肥的施用方式

一是直接翻耕，直接翻耕以做基肥为主，翻耕前最好将绿肥切短，稍加暴晒，随后翻耕入土壤中。二是堆沤，把绿肥作为堆沤肥原料，堆沤可增加绿肥分解，提高肥效。三是作饲料，先作饲料，然后利用畜禽粪便做肥料，这种绿肥过腹还田的方式，是提高绿肥经济效益的有效途径。绿肥还可用于青饲料贮存或制成干草或干草粉。

2. 绿肥的收割与翻耕时期

多年生绿肥作物一年可以刈割几次，翻耕适期应掌握在鲜草产量最高和养分含量最高时进行翻耕。一般豆科绿肥适宜翻压时间为盛花期至谢花期，禾本科绿肥最好在抽穗期翻压，十字花科绿肥最好在上花下荚期翻压，间套种绿肥作物的翻压时期应与后茬作物需肥规律相吻合。

3. 绿肥的翻埋深度

一般是先将绿肥茎叶切成 $10\sim20cm$，撒在地面或施在沟里，随后翻耕入土壤中，一般以耕翻入土 $10\sim20cm$ 较好，旱地 $15cm$，水田 $10\sim15cm$，砂质土壤可深些，黏质土壤可浅些，盖土要严，翻后耙匀，并在后茬作物播种前 $15\sim30$ 天进行。还应考虑气候、土壤、绿肥品种及其组织老嫩程度等因素。土壤水分较少、质地较轻、气温较低、植株较嫩时，耕翻易深，反之则易浅些。

4. 绿肥的施用量

施用量要根据作物产量、作物种类、土壤肥力、绿肥的养分含量等确定。一般每亩 $1\,000\sim1\,500kg$ 基本能够满足作物的需要。

5. 绿肥与无机肥料配合施用

绿肥肥效长，但单一施用的情况下，往往不能及时满足全生育期对养分的需求。绿肥所提供的养分虽然比较全面，但要满足作物的全部需求也是不够的。并且大多数绿肥作物提供的养分以氮为主，因此，绿肥与化肥配合施用是必需的。

第三章

果树需肥特点与施肥技术

第一节 葡萄需肥特点与施肥技术

一、需肥特点

葡萄是落叶多年生攀缘植物。葡萄根系发达,主要分布在40～60cm深的土层。葡萄对土壤适应性很强,但以砂壤土最为适宜。

葡萄在生长发育过程中,需要氮、磷、钾、钙、硼、镁、铁、锌等多种元素。一般认为每生产1 000kg葡萄果实需要吸收氮(N)3.8kg,磷(P_2O_5)2.0～2.5kg,钾(K_2O)4.0～5.0kg,氮、磷、钾的吸收比例为1:0.6:1.2,可见葡萄是一种喜钾的浆果。葡萄生长前期需要较多的氮,生长后期需要较多的磷和钾。氮能够促进枝蔓生长,叶色增绿,果实膨大,花芽分化,对提高产量有重要作用。需氮量最大时期是从萌芽展叶至开花期前后直至幼果膨大期。氮肥不足时,植株枝蔓细弱、叶色变淡、果实发育不良,产量下降,氮肥过多时,枝蔓徒长,果实着色差,香味不浓,枝条成熟晚,抗寒力降低。磷对葡萄开花、受精和坐果起着重要作用,施磷对促进浆果成熟、提高果实品质有明显效果,施磷还有助于枝蔓充实和提高葡萄的抗寒力。缺磷时,易落花,果实发育不良,产量低,抗寒力差。需磷量最大时期是幼果膨大期至浆果着色成熟期。磷的吸收量是缓慢增加的,磷在葡萄内是一种可以再利用的元素,因此葡萄吸收磷的时期越早,对葡萄生长所发挥的作用越大。钾能够促进根系生长和枝条充实,提高和增加浆果的含糖量、风味、色泽、成熟度和耐贮性。缺钾时,叶色淡,叶缘枯焦,浆果含糖低,着色不良,枝条不充实,抗逆性低。需钾量最大是幼果膨大期至浆果着色成熟期,且在整个生长期内都吸收钾,随着浆果膨大、着色直至成熟,对钾的吸收量明显增加。因此,在整个果实膨大期应增施钾肥。

二、施肥技术

葡萄年生育周期亩施肥量为商品有机肥400～500kg,氮肥(N)

16~18kg、磷肥（P_2O_5）7~8kg、钾肥（K_2O）8~10kg。有机肥做基肥，氮、钾分基肥和追施，磷肥全部基施，化肥和有机肥混合施用（表3-1、表3-2）。

1. 基肥

基肥以有机肥料为主，配合一定量的化肥。一般亩施商品有机肥400~450kg，尿素6kg、磷酸二铵15~17kg、硫酸钾5~6kg。基肥在秋季开沟施入效果较好。

2. 追肥

葡萄追肥的次数和时期应根据葡萄生长发育情况及土壤肥力等因素确定。

开花前追肥：其主要作用是促使葡萄花芽继续分化，使芽内迅速形成第二、第三花穗。肥料以氮为主配施磷、钾。一般亩施尿素13~14kg、硫酸钾4~6kg。

幼果膨大期追肥：促使果实迅速膨大，应以氮为主，配施磷、钾。一般亩施尿素10~11kg，硫酸钾7~8kg。

果实着色初期追肥：对提高果实糖分含量，改善浆果品质，促进成熟都有良好效果。追肥以磷、钾为主添加少量氮肥，如果植株长势良好，枝叶繁茂，可以不加氮肥。

采果后追肥：主要作用是迅速恢复树势，促进同化作用和根系生长，增加树体和根系的养分贮备。此期应氮磷钾肥配合施用。此次追肥对早中熟品种的效果好，但对晚熟品种易诱发副梢，效果不佳。

3. 根外追肥

葡萄叶面喷施微量元素水溶肥料对提高产量和品质有较好的效果。开花前喷0.2%~0.5%的硼砂溶液能提高坐果率。坐果后到成熟前喷0.3%的磷酸二氢钾＋0.2%的尿素，10~15天一次，有提高产量、增进品质的效果。坐果期与果实生长期喷施0.05%~0.1%硫酸锰溶液能增加浆果产量和含糖量。对缺铁失绿葡萄，重复喷施硫酸亚铁和柠檬酸铁、尿素铁等均有良好效果。当植株移栽根系尚未完全恢复时，喷施0.2%~0.3%尿素可提高成活率，缩短缓苗期。

表3-1　葡萄推荐施肥量　　　　　　　　（单位：kg/亩）

肥力等级	推荐施肥量		
	纯氮	五氧化二磷	氧化钾
低肥力	17~20	8~9	10~11
中肥力	16~18	7~8	8~10
高肥力	14~16	6~8	7~9

表 3-2　葡萄测土配方施肥推荐卡　　　　　　　（单位：kg/亩）

基肥推荐方案				
肥力水平		低肥力	中肥力	高肥力
有机肥	商品有机肥	500～600	400～500	300～400
	或农家肥	3 500～4 000	3 000～3 500	2 500～3 000
氮肥	尿素	6～7	6	5～6
	或硫铵	14～16	14～16	12～14
	或碳铵	16～19	16～19	14～16
磷肥	磷酸二铵	17～20	15～17	13～17
钾肥	硫酸钾	6～7	5～6	4～5

追肥推荐方案						
施肥时期	低肥力		中肥力		高肥力	
	尿素	硫酸钾	尿素	硫酸钾	尿素	硫酸钾
开花前	14～16	5～6	13～14	4～6	11～13	4～5
幼果膨大期	11～13	8～9	10～11	7～8	9～10	6～8

第二节　苹果树需肥特点与施肥技术

一、需肥特点

苹果树是蔷薇科木本植物。苹果树对土壤适应范围广，但适宜地势平坦、土层深厚、排水良好、富含有机质的砂壤土和壤土。苹果树的根系比较发达，且根系多集中在 20cm 以下，可吸收深层土壤中的水分和养分，需注意深层土壤的改良与培肥。

一般认为每生产 1 000kg 果实约吸收氮（N）3.0～3.4kg、磷（P_2O_5）0.8～1.1kg、钾（K_2O）2.1～3.2kg。苹果树对养分的需求主要是氮和钾，在保证氮肥用量的基础上，增加磷、钾肥，尤其是钾肥，可以提高果品质量。苹果树的需肥动态是，前期以氮为主，中后期以磷钾为主，对磷的吸收全年比较平稳，因此，前期以施氮肥为主，中后期以施钾肥为主，磷肥随基肥施入，以保证磷的全年供应。氮是苹果树需要量较大的营养元素之一，在一定范围内适当多施氮肥，有增加枝叶数量，增强树势和提高产量的作用。但若施用氮肥过多，则会引起树梢徒长不仅引起坐果率下降，产量降低，而且品质及耐储性均更差，容易导致苦痘病等生理病害的发生。磷、钾也是苹果树需要量较大的营养元素，磷能促进根系的生长发育，磷还能促进花芽分化，增加坐果，增进果实着色、含糖量、硬度和耐贮性，增强果树抗逆性。钾能促进光合作用，促进新梢成熟，提高抗寒、抗旱、抗高温和抗病能力，钾在果实中含量最多，能肥大果实，促进成熟，提高含糖量，增进色泽，提高品质。苹果树除大量元素外还需要中、微量元素，合理施用钙、硼、锌、铁等中、微量元素肥料对苹果树有重要作用。苹果缺钙容易发生苦痘病，生长期喷施氯化钙水浸液或硝酸钙水浸液有防治效果。施硼能提高苹果树的坐果率和产量，对防治苹果缩果病效果十分显著。缺锌典型的症状是小叶病，施锌对矫治苹果的小叶病效果显著，提高坐果率，增加产量，且能够提高叶片中的氮磷钙等的含量水平。用硫酸亚铁与尿素的混合液喷施对于苹果树缺铁失绿黄化有一定效果。

二、施肥技术

苹果树年生育周期亩施肥量为商品有机肥 400～450kg，氮肥（N）17～18kg、磷肥（P_2O_5）7～8kg、钾肥（K_2O）8～10kg。有机肥做基肥，氮、钾分基肥和追施，磷肥全部基施，化肥和有机肥混合施用（表3-3、表3-4）。

1. 基肥

基肥以有机肥为主，配合适量化肥。亩施商品有机肥 400～500kg，尿素 6kg、磷酸二铵 13～17kg、硫酸钾 5～6kg。基肥宜在秋季采取环状沟或放射沟施入。

2. 追肥

追肥应根据苹果树生长发育情况及土壤肥力等因素确定追肥的次数和时期。

促花肥：萌芽期至开花前（约 4 月份）追肥，可以促进新梢生长、提高坐果率。一般亩施尿素 14～15kg，硫酸钾 4～6kg。

促果肥：花芽分化期（6 月中旬左右）追肥，可缓解花芽形成与幼果迅速膨大争肥的矛盾，有利于提高花芽分化数量和花芽质量，促进幼果发育和提高产量，增加含糖量，改善果品品质。一般亩施尿素 10～12kg、硫酸钾 7～8kg。

壮树肥：在果实已基本形成和开始着色前（8 月中、下旬）追肥，可防止叶片早衰，增强叶片光合效能，促进果实着色和提高果品品质。

3. 根外追肥

一般可在开花前期喷施浓度为 0.3%～0.5% 的硼砂水溶液 2～3 次。缺钙可在盛花后喷施 0.3%～0.5% 的钙元素型氨基酸水溶肥料。施用锌肥对矫治苹果树的小叶病效果较为显著,可用 0.3% 的硫酸锌与 0.3%～0.5% 的尿素混合液于发病后及时喷施。缺铁可用 0.3% 硫酸亚铁与 0.5% 尿素的混合液喷施,在果树生长旺季每周喷施一次。落叶前可喷施 3 次 0.5% 的硼砂和 0.5% 的尿素溶液。果实膨大期可喷施 0.3%～0.5% 尿素和磷酸二氢钾溶液,7～10 天 1 次。

表 3-3 苹果树推荐施肥量　　　　（单位:kg/亩）

肥力等级	推荐施肥量		
	纯氮	五氧化二磷	氧化钾
低肥力	18～19	8～9	9～11
中肥力	17～18	7～8	8～10
高肥力	16～17	6～7	7～9

表 3-4 苹果树测土配方施肥推荐卡　　　　（单位:kg/亩）

基肥推荐方案				
肥力水平		低肥力	中肥力	高肥力
有机肥	商品有机肥	500～600	400～500	300～400
	或农家肥	3 500～4 000	3 000～3 500	2 500～3 000
氮肥	尿素	6～7	6	6
	或硫铵	14～16	14	14
	或碳铵	16～19	16	16
磷肥	磷酸二铵	15～20	13～17	13～15
钾肥	硫酸钾	5～7	5～6	4～5
	或氯化钾	4～6	4～5	3～4

追肥推荐方案						
施肥时期	低肥力		中肥力		高肥力	
	尿素	硫酸钾	尿素	硫酸钾	尿素	硫酸钾
萌芽期	14～15	5～6	14	4～6	13～14	4～5
花芽分化期	11～12	8～9	11	7～8	10～11	6～8

第三节 桃树需肥特点与施肥技术

一、需肥特点

桃树是蔷薇科落叶小乔木。桃树对土壤的适应能力很强，一般土壤都能栽种，桃树的根系较浅，要求土壤应有较好的通透性，因此施肥与改土相结合对桃树优质高产非常重要。

桃树果实肥大，枝叶繁茂，生长迅速，对营养需求量高。一般认为每1 000kg果实需要氮（N）5.1kg、磷（P_2O_5）2.0kg、钾（K_2O）6.6kg。在桃树的生长周期中，对氮、磷、钾的吸收动态，一般是从6月上旬开始增强，随着果实的生长，养分吸收量不断增加，到7月上旬果实膨大期养分吸收量急剧上升，尤其是钾的吸收量增加更为明显，到7月中旬三元素的吸收量达到高峰，到采收前稍有下降。桃树需钾较多，尤其是果实的吸收量最大，其次是叶片，因而满足钾素的需求，是桃树优质丰产的关键。桃树需氮量较高，并反应敏感，以叶片吸收量最大，占接近总量的一半，供应充足的氮素是保证丰产的基础。磷的吸收量也较高，与氮吸收量之比为5∶2，叶片与果实吸收磷素较多。桃树是对中、微量元素比较敏感的树种。桃树对缺钙很敏感，吸收最多的元素是钙，其中，叶片需求量最多，其次是新梢和树干，再次为果实，因此，要注意钙的供应。桃树对铁敏感，桃树缺铁症又称黄叶病、白叶病、褪绿病等。缺铁症状多从新梢顶端的幼嫩叶开始表现，开始叶肉先变黄，而叶脉两侧仍保持绿色，致使叶面呈绿色网纹状失绿，随病势发展，叶片失绿程度加重，出现整叶变为白色，叶缘枯焦，引起落叶，严重缺铁时，新梢顶端枯死。桃树对其他中微量元素都比较敏感，供应不足时会出现缺素症。

二、施肥技术

桃树年生育周期亩施肥量为商品有机肥400～500kg，氮肥（N）15～17kg、磷肥（P_2O_5）6～8kg、钾肥（K_2O）8～9kg。有机肥做基肥，氮、钾分基肥和追施，磷肥全部基施，化肥和有机肥混合施用（表

3-5、表 3-6）。

1. 基肥

基肥以有机肥为主，配合适量的化肥。一般亩施商品有机肥 400～450kg，尿素 6kg、磷酸二铵 13～17kg、硫酸钾 5kg。基肥宜在秋季采取环状沟或放射沟施入。

2. 追肥

桃树追肥应根据桃树生长发育情况、土壤肥力情况等确定合理的追肥时期和次数。

促花肥：多在早春萌芽期追肥，补充树体贮藏养分的不足，促进新根和新梢的生长，提高坐果率。肥料以氮肥为主，一般亩施尿素 13～14kg，硫酸钾 4～5kg。

坐果肥：在开花之后至果实核硬期施用，能提高坐果率、改善树体营养、促进果实前期的快速生长。以氮为主配合磷、钾，一般亩施尿素 10～11kg、硫酸钾 7～8kg。

果实膨大肥：在果实再次进入快速生长期之后施用，此时追肥对促进果实的快速生长，促进花芽分化，提高树体贮藏营养有重要作用。以氮、钾为主。

催果肥：在果实成熟前 20 天施入，磷、钾结合，促进果实膨大、着色，提高果实品质。

3. 根外追肥

初花期喷施 0.2%～0.3% 硼砂可提高坐果率，果实膨大期喷施 0.2%～0.3% 的硝酸钙可以提高果实的硬度，缺铁可用 0.3% 硫酸亚铁与 0.5% 尿素的混合液喷施，缺锌可叶面喷施 0.1%～0.2% 的硫酸锌，果实膨大期可喷施 0.3%～0.5% 尿素和磷酸二氢钾，7～10 天 1 次。

表 3-5　桃树推荐施肥量　　　　　（单位：kg/亩）

肥力等级	推荐施肥量		
	纯氮	五氧化二磷	氧化钾
低肥力	16～18	7～9	9～10
中肥力	15～17	6～8	8～9
高肥力	14～16	6～7	7～8

表 3-6　桃树测土配方施肥推荐卡　　　　　（单位：kg/亩）

基肥推荐方案				
肥力水平		低肥力	中肥力	高肥力
有机肥	商品有机肥	500～600	400～500	300～400
	或农家肥	3 500～4 000	3 000～3 500	2 500～3 000
氮肥	尿素	6	6	5～6
	或硫铵	14	14	12～14
	或碳铵	16	16	14～16
磷肥	磷酸二铵	15～20	13～17	13～15
钾肥	硫酸钾	5～6	5	4～5
	或氯化钾	4～5	4	3～4

追肥推荐方案						
施肥时期	低肥力		中肥力		高肥力	
	尿素	硫酸钾	尿素	硫酸钾	尿素	硫酸钾
萌芽期	13～14	5～6	13～14	4～5	11～13	4～5
硬核期	10～11	8～9	10～11	7～8	9～10	6～7

第四节　梨树需肥特点与施肥技术

一、需肥特点

梨树是多年生木本果树。梨树对土壤要求不太严格，无论是壤土、黏土、砂土或是一定程度的盐碱、砂性土壤，都有较强的耐适力，但仍以土壤疏松、土层深厚、地下水位较低、排水良好的砂质壤土结果质量最好。

梨树需肥量大，一般认为，每生产 1 000kg 果实需要氮（N）4.0kg，磷（P_2O_5）2.0kg，钾（K_2O）4.0kg，对氮、磷、钾的吸收比例为 2∶1∶2。成年梨树对营养的需求主要是氮和钾，特别是由于果实的采收带走了大量的氮、钾和磷等许多营养元素，若不能及时补充则将严重影响梨树来年的生长及产量。梨树对各种元素的需要量依据各个生长发育阶段的不同而不同。在一年中需氮有两个高峰期，第一次大高峰期在 5 月份，吸收量可达 80%，由于此期是枝、叶、根生长的旺盛期，需要的营养多，第二次小高峰在 7 月，比第一次吸收的量小，此期是果实的迅速膨大期和花芽分化期，需要养分也多。磷在全年只在 5 月份有个小高峰，由于此期是种子发育和枝条木质化阶段，需磷素较多。需钾也有两个高峰期，时期与氮相同，由于第二次高峰期正值果实迅速膨大和糖分转化，需钾量较多，所以差幅没有氮大，只比第一次略小。而且梨树需钾量大，梨树对钾的需要量与氮相等，钾不足，老叶叶缘及叶尖变黑而枯焦，降低光合能力，影响果实品质。梨树对钙、镁需要量量也大。对钙的需要量接近氮，钙不足，影响氮的新陈代谢和营养物质的运输，使根系生长不良，新梢嫩叶上形成褪绿斑，叶尖和叶缘向下卷曲，果实顶端黑腐。缺镁，老叶叶缘及叶脉间部分黄化，与叶脉周围的绿色成鲜明对比。因此，施肥时要注意增施钾肥和钙肥及镁肥。

二、施肥技术

梨树年生育周期亩施肥量为商品有机肥 400～500kg，氮肥（N）16～17kg、磷肥（P_2O_5）6～8kg、钾肥（K_2O）8～10kg。有机肥做基肥，氮、钾肥分基肥和追施，磷肥全部基施，化肥和有机肥混合施用（表 3-7、表 3-8）。

1. 基肥

基肥以有机肥为主，配合适量化肥。一般亩施商品有机肥 400～500kg、尿素 5kg、磷酸二铵 13～17kg、硫酸钾 5～6kg。基肥宜在秋季采取环状沟或放射沟施入。

2. 追肥

梨树追肥应根据梨树生长发育情况、土壤肥力情况等确定合理的追肥时期和次数。

萌芽前追肥：萌芽期追肥（3 月）主要是促进根、芽、叶、花展开，提高坐果率。以氮肥为主，亩施尿素 13～14kg、硫酸钾 4～6kg。

花芽分化前追肥：花芽分化前（5 月下旬）追肥可促进开花结果和枝叶生长，花前追肥以速效氮肥为主，花后追肥以钾肥为主。可根据梨树生长情况适当追肥。

果实膨大期追肥：果实膨大期（7～8 月）追肥，可促进果实增大和提高果实品质。亩施尿素 10～11kg、硫酸钾 7～8kg。

3. 根外追肥

一般在开花前可叶面喷施 2～3 次 0.3%～0.5% 的硼砂水溶液，盛花后可喷施 0.3%～0.5% 的钙元素型氨基酸水溶肥料，果实膨大期可喷施0.3%~0.5%的磷酸二氢钾和尿素，7~10天1次，以提高产量及品质。落叶前20天喷施3次0.5%的硼砂和0.5%的尿素溶液。缺铁可喷施0.3%~0.5%黄腐酸铁，缺锌可喷施0.3%~0.5%的硫酸锌，可矫正缺素症。

表3-7 梨树推荐施肥量　　　　　　　　　　（单位：kg/亩）

肥力等级	推荐施肥量		
	纯氮	五氧化二磷	氧化钾
低肥力	17~18	7~9	9~11
中肥力	16~17	6~8	8~10
高肥力	15~16	6~7	7~9

表3-8 梨树测土配方施肥推荐卡　　　　　　（单位：kg/亩）

_	基肥推荐方案			
肥力水平		低肥力	中肥力	高肥力
有机肥	商品有机肥	500~600	400~500	300~400
	或农家肥	3 500~4 000	3 000~3 500	2 500~3 000
氮肥	尿素	5~6	5	5
	或硫铵	14~16	14	14
	或碳铵	16~19	16	16
磷肥	磷酸二铵	15~20	13~17	13~15
钾肥	硫酸钾	5~7	5~6	4~5
	或氯化钾	4~6	4~5	3~4

追肥推荐方案						
施肥时期	低肥力		中肥力		高肥力	
	尿素	硫酸钾	尿素	硫酸钾	尿素	硫酸钾
萌芽期	14	5~6	13~14	4~6	13~14	4~5
果实膨大期	11	8~9	10~11	7~8	10~11	6~8

第五节　樱桃树需肥特点与施肥技术

一、需肥特点

樱桃树属蔷薇科樱桃属果树。樱桃树大部分根系分布在土壤表层，土壤质地和肥力状况直接影响到樱桃的产量和品质，樱桃树适宜在土层深厚、土层疏松、通气良好的砂壤土或壤土上栽培，在黏土和排水不良的土壤上栽培树体长势弱。樱桃树对盐碱土壤敏感，土壤含盐量高樱桃生长不良。

樱桃树每年在生长、结果等各个生育时期都要从土壤中吸收大量的营养物质。为了满足每个发育时期对各种营养的需要，就要根据各时期对营养的需求规律进行施肥。不同树龄和不同时期对肥料的要求不同，3年生以下的幼树，树体处于扩冠期，营养生长旺盛，这个时期对氮需要量多，应以氮肥为主，辅助适量的磷肥，促进树冠的形成。3～6年生和初果期幼树，要使树体由营养生长转入生殖生长，促进花芽分化，在施肥上要注意控氮、增磷、补钾。7年生以上树进入盛果期，树体消耗营养较多，要满足植株对氮、磷、钾的需要，为果实生长提供充足营养。樱桃果实生长对钾的需要量较多，增施钾肥，可提高果实的产量与品质。在樱桃树的生长发育过程中，由于樱桃树果实生长期短，具有需肥迅速和集中的特点。从展叶、开花、果实发育到成熟，都集中在生长季节的前半期，同时花芽分化集中在采收后较短的时期内。这一方面要求春季要加强肥水管理，另一方面要求树体在前一年能积累很多营养，满足早春生长开花的需要。因此，要根据樱桃的特性合理施肥，在施肥上应重视秋季施肥及春季追肥两个关键时期。

二、施肥技术

樱桃树年生育周期亩施肥量为商品有机肥400～500kg，氮肥（N）13～15kg、磷肥（P_2O_5）5～7kg、钾肥（K_2O）7～9kg。有机肥做基肥，氮、钾分基肥和追施，磷肥全部基施，化肥和有机肥混合施用（表3-9、表3-10）。

1. 基肥

基肥以有机肥为主，配合适量化肥。一般亩施商品有机肥400～500kg，尿素5kg、磷酸二铵11～15kg、硫酸钾4～5kg。基肥宜在秋季采取环状沟或放射沟施入。

2. 追肥

开花期追肥：以氮肥为主，及时补充树体营养，促进花芽萌发和春梢生长，一般亩施尿素11～12kg、硫酸钾4～5kg。

浆果膨大期追肥：以氮、钾肥为主，促进果实膨大，减少生理落果，提高果品质量，同时补充树体营养，一般亩施尿素8～9kg、硫酸钾 6～8kg。

3. 根外追肥

根外追肥可以全年 4～5 次,一般生长前期 2～3 次,以氮肥为主,后期 2～3 次,以磷、钾肥为主。开花前可喷施 2～3 次 0.3%～0.5% 硼砂溶液,萌芽后到落叶前可喷施 0.3%～0.5% 尿素和 0.3%～0.5% 磷酸二氢钾,可有效提高坐果率,增加产量。落叶前 20 天喷施 2～3 次 0.5% 的硼砂和尿素溶液。最后一次叶面喷肥在距果实采收期 20 天以前进行。

表 3-9 樱桃树推荐施肥量 （单位：kg/亩）

肥力等级	推荐施肥量		
	纯 氮	五氧化二磷	氧化钾
低肥力	14～16	6～8	8～10
中肥力	13～15	5～7	7～9
高肥力	12～14	5～7	6～7

表 3-10 樱桃树测土配方施肥推荐卡 （单位：kg/亩）

	基肥推荐方案			
	肥力水平	低肥力	中肥力	高肥力
有机肥	商品有机肥	500～600	400～500	300～400
	或农家肥	3 500～4 000	3 000～3 500	2 500～3 000
氮肥	尿素	5～6	5	4～5
	或硫铵	12～14	12	9～12
	或碳铵	14～16	14	11～14
磷肥	磷酸二铵	13～17	11～15	11～15
钾肥	硫酸钾	5～6	4～5	4～5
	或氯化钾	4～5	3～4	3～4
追肥推荐方案						
---	---	---	---	---	---	---
施肥时期	低肥力		中肥力		高肥力	
	尿素	硫酸钾	尿素	硫酸钾	尿素	硫酸钾
开花期	11～13	4～6	11～12	4～5	10～11	4～5
浆果膨大期	9～10	7～8	8～9	6～8	8～9	5～7

第六节 板栗树需肥特点与施肥技术

一、需肥特点

板栗树是木本果树之一。板栗树对土壤的要求不严，砂质、砾质、黏质壤土均可种植，而以花岗岩、纯麻岩的砾质土和砂壤土为宜。

板栗树生长发育中，对氮磷钾的需要量大，一般认为每100kg板栗发育成熟需消耗纯氮（N）、钾（K_2O）各4.5～5.0kg，磷（P_2O_5）1.5～2.0kg。氮素是板栗树生长和结果的最重要营养成分。氮素的吸收从早春根系活动开始，随着发芽、展叶、开花、新梢生长、果实膨大，吸收量逐渐增加，直到采收前还在上升，采收后开始下降，到休眠期停止吸收。充足的氮肥供应，能促进新梢生长，增加其叶面积，提高光合性能，有利于营养物质的积累，加速板栗树生长发育，对幼树提早成形有重要作用，还能促进结果期树花芽分化、开花结实及果实膨大，提高坐果率和延长经济寿命。磷素在开花前吸收很少，从开花到采收期，吸收磷比较多而稳定，采收后吸收量很少，落叶前停止吸收。增施磷肥可促进新根的发生和生长，促进花芽分化和果实发育，提高产量和品质，增强抗逆能力。钾素能促进果实成熟，提高坚果的品质和耐藏性，并促进枝条的加粗生长和机械组织的形成，同时，提高板栗树抗旱、抗寒以及抗高温和抗病虫害能力。板栗树在开花前吸收钾很少，开花后迅速增加，从果实膨大期到采收期吸收最多，因此，钾肥施用的重要时期是果实膨大期。进入盛果期后，板栗树对氮、磷、钾需要量增大，它们即成为影响产量的直接因子。除需氮、磷、钾三大元素外，板栗树还需配合适量的钙、镁及锰、锌、硼等中、微量元素，供给不足，就会发生严重的生理障碍而影响生长发育，如叶片生长不良、空苞率高等。钙是板栗需要量较大的元素之一，板栗还是高锰植物，需锰量比其他果树大而且重要。硼对授粉受精具有重要的作用，适量施硼，可防止花而不实，是降低板栗空苞率的有效措施。

二、施肥技术

板栗树年生育周期亩施肥量为商品有机肥400～500kg，氮肥（N）14～16kg、磷肥（P_2O_5）6～7kg、钾肥（K_2O）7～9kg。有机肥做基肥，氮、钾分基肥和追施，磷肥全部基施，化肥和有机肥混合施用（表

3-11、表 3-12)。

1. 基肥

基肥以有机肥为主,配合适量化肥。一般亩施商品有机肥 400～500kg,尿素 5～6kg、磷酸二铵 13～15kg、硫酸钾 4～5kg。基肥在秋季采取环状沟或放射沟施入。

2. 追肥

发芽期追肥:一般亩施尿素 11～13kg、硫酸钾 4～5kg。

果实膨大期追肥:可促进果实饱满,提高产量。一般亩施尿素 9～10kg、硫酸钾 6～8kg。

3. 根外追肥

基部叶片转绿期,叶面喷施 0.1% 磷酸二氢钾＋0.2% 尿素,可促进叶片肥厚,浓绿。果实膨大期喷施 0.2% 磷酸二氢钾,可促进果实生长。采前 1 个月喷 2 次 0.1% 的磷酸二氢钾,可增大单粒重。在生长期的 5～7 月,可用 0.05% 硫酸锰和 0.05% 硫酸镁混喷以补充板栗对锰及其他微量元素的需求。在花期喷施 0.2%～0.3% 硼砂溶液对解决板栗空苞具有一定的作用,但干旱年份慎用硼肥。

表 3-11 板栗树推荐施肥量　　　　　　　　　(单位:kg/亩)

肥力等级	推荐施肥量		
	纯 氮	五氧化二磷	氧化钾
低肥力	15～17	7～8	8～10
中肥力	14～16	6～7	7～9
高肥力	13～15	5～6	6～8

表 3-12 板栗树测土配方施肥推荐卡　　　　　　(单位:kg/亩)

基 肥 推 荐 方 案				
肥力水平		低肥力	中肥力	高肥力
有机肥	商品有机肥	500～600	400～500	300～400
	或农家肥	3 500～4 000	3 000～3 500	2 500～3 000
氮肥	尿素	5～6	5～6	5～6
	或硫铵	12～14	12～14	12～14
	或碳铵	14～16	14～16	14～16
磷肥	磷酸二铵	15～17	13～15	11～13

(续表)

基肥推荐方案				
肥力水平		低肥力	中肥力	高肥力
钾肥	硫酸钾	5~6	4~5	4~5
	或氯化钾	4~5	3~4	3~4

追肥推荐方案						
施肥时期	低肥力		中肥力		高肥力	
	尿素	硫酸钾	尿素	硫酸钾	尿素	硫酸钾
萌芽期	12~14	4~6	11~13	4~5	11~13	3~4
果实膨大期	9~10	7~8	9~10	6~8	8~10	5~7

第七节 杏树需肥特点与施肥技术

一、需肥特点

杏树属于蔷薇落叶乔木。杏树的根系非常发达，不论水平方向，还是垂直方向分布都很广。杏树是温带核果类树种，喜光、耐寒、耐旱，不耐涝，对土壤条件要求不严格，在土层深厚，土壤湿度适中，pH 值 6.8~7.9 的壤土上生长良好。

杏树生长发育需要氮、磷、钾及多种中微量元素。氮是杏树生长、结果不可缺少的营养成分。施入足量的氮肥，可使杏树枝叶繁茂，叶厚浓绿，促进花芽分化，增加产量。当杏树缺氮时，就会出现生长势弱，叶片小而薄，叶色淡而黄的现象。但是，当杏树中的含氮量超过一定值时，则会引起中毒现象的发生。磷参与核酸和蛋白质的合成，是生殖器官中的主要成分。杏树缺磷时，树体生长缓慢，枝条纤弱，叶片变小，叶色变成深灰绿色，花芽分化不良，坐果率低，产量下降，果个变小。氮磷配合，对杏树的生长发育、花芽分化和抗旱抗寒性均有良好效果。钾参与植物体的主要代谢活动，能够促进叶片的光合作用、细胞的分裂、糖的代谢和积累，能提高鲜食杏的果实品质。杏树缺钾时，叶片小而薄，呈黄绿色，叶缘上卷，叶尖焦枯，严重时，全树呈现焦灼状，甚至枯死。合理施肥，可促进杏树树体生长健壮，花芽分化充实，增加完全花比例，提高坐果率，减少落果，延长结果年限。据相关研究资料，杏树叶片中营养物质的含量与杏树生长以及产量有相关性：叶中氮的含量与一年生枝的总长度之间呈正相关。杏树要达到优质高产，叶中化学成分最适宜的含量为：氮 2.8%～2.85%、磷 0.39%～0.40%、钾 3.90%～4.10%，叶子中的氮与钾的比率保持在 0.86～0.92，就可以达到最高产量水平。

杏树生长速度快、花量大，挂果稠，为了获得并维持高产，不出现大小年的现象，合理施肥是非常必要的。施肥措施应当根据土壤养分状况、目标产量、栽植密度、树龄等而定。基肥充足和追肥及时可以保证杏树地上、地下部生长，花芽分化，开花结果对养分的需要。在低肥力的土壤上，应增施有机肥料，培肥地力，才能维持优质高产稳产。

二、施肥技术

杏树年生育周期亩施肥量为商品有机肥 400～500kg，氮肥（N）14～15kg、磷肥（P_2O_5）6～7kg、钾肥（K_2O）7～9kg。有机肥做基肥，氮、钾分基肥和追肥，磷肥全部基施，化肥和有机肥混合施用（表 3-13、表 3-14）。

1. 基肥

基肥以有机肥为主，配合适量化肥。一般亩施商品有机肥 400～500kg，尿素 10～11kg、过磷酸钙 38～44kg、硫酸钾 4～5kg。基肥在秋季采取环状沟或放射沟施入。

2. 追肥

追肥的次数和时期应根据杏树生长发育情况及土壤肥力等因素确定。

花前肥：以速效性氮肥为主，补充树体贮藏营养的不足，保证开花整齐一致，提高坐果率，促进根系生长和增加新梢的前期生长量。一般可每亩追施尿素 10～11kg、硫酸钾 6～7kg。

花后肥：于开花后施入，以速效性氮肥为主，配合磷、钾肥，补充花期对营养物质的消耗，提高坐果和促进新梢生长。这时幼果迅速膨大与枝叶旺盛生长对氮素的需要量很大，如果供应不足，不仅落果严重，而且枝叶生长受到阻碍。

硬核期肥：在硬核期开始施入，以速效性氮肥为主，配合磷、钾肥。其作用在于补充幼果及新梢生长对养分的消耗，促进花芽分化和果实膨大。如果此时营养不足，核、胚发育不良，以后果实也长不大，花芽分化也受到影响。一般可追施尿素 10～11kg、硫酸钾 6～7kg。

催果肥：果实采收前 15～20 天施入，主要施用速效性钾肥。目的在于促进中晚熟品种果实的第二次迅速膨大，增长果实，提高产量，提高果实品质，增加含糖量。

采收：果实采收后施入，以氮肥为主，配合磷、钾肥。这次追肥主要是消耗养分较多的中晚熟品种和树势衰弱的树，补偿由于大量结果而引起营养物质的亏空，恢复树施，增加树体内养分积累，充实枝条和提高越冬抗寒能力，为下一年丰产打好基础。

3. 根外追肥

杏树从展叶后直至落叶前均可叶面喷肥，生长前期枝叶幼嫩可以用较低浓度，后期枝叶成熟，浓度可适当加大。一般可在开花前和落叶前 20 天左右分别喷施 2～3 次 0.3%～0.5% 的硼砂溶液。萌芽后到落叶前可喷施 0.3%～0.5% 的尿素和 0.3%～0.5% 磷酸二氢钾溶液。微量元素不足时可喷施微量元素肥料，喷施浓度为硫酸锌 0.3%～0.5%、硫酸亚铁 0.2%～0.3%、氯化锰 0.25%～0.3%。

表 3-13　杏树推荐施肥量　　　　（单位：kg/亩）

肥力等级	推荐施肥量		
	纯氮	五氧化二磷	氧化钾
低肥力	15～16	7～8	8～10
中肥力	14～15	6～7	7～9
高肥力	13～14	5～6	6～8

表 3-14　杏树测土配方施肥推荐卡　　单位：kg/亩

基肥推荐方案				
肥力水平		低肥力	中肥力	高肥力
有机肥	商品有机肥	500～600	400～500	300～400
	或农家肥	3 500～4 000	3 000～3 500	2 500～3 000
氮肥	尿素	11～12	10～11	9～10
	或硫铵	24～26	22～24	20～22
	或碳铵	28～30	26～28	24～26
磷肥	过磷酸钙	44～50	38～44	32～38
钾肥	硫酸钾	4～5	4～5	3～4
	或氯化钾	3～5	3～4	3～4

(续表)

施肥时期	追肥推荐方案					
	低肥力		中肥力		高肥力	
	尿素	硫酸钾	尿素	硫酸钾	尿素	硫酸钾
开花前	11～12	6～8	10～11	6～7	9～10	5～6
硬核期	11～12	6～8	10～11	6～7	9～10	5～6

第八节 枣树需肥特点与施肥技术

一、需肥特点

枣树属鼠李科枣属，是落叶乔木，枣实生根系主根和侧根均强大，且垂直根较水平根发达。茎源根系水平根较垂直根系发达，水平根一般多分布在表土层15～30cm。垂直根深达1～4m以上。枣树的根系在年周期中与地上部生长相适应，在生长期内出现多次生长高峰，其中，以7～8月间生长高峰持续期最长，生长量最大，可延续到9月下旬，最晚至11月底，生长期达190～240天。枣树对土壤适应性强，不论砂土、黏土、低洼盐碱地、山丘地均能适应，高山区也能栽培。对土壤pH值要求也不甚严，pH值5.5～8.5均能生长良好。但以土层深厚、肥沃、疏松土壤为好。

根据山东省果树研究所研究，每生产100kg鲜枣约需要纯氮（N）1.6kg、磷（P_2O_5）0.9kg、钾（K_2O）1.3kg。枣树的不同生育期，对肥料的要求有所不同。从萌芽到开花期，对氮肥要求较高，合理的追施氮肥，能满足枣树生长前期枝、叶、花蕾生长发育的要求，促进营养生长和生殖生长。幼果至成熟前，是地下部根系生长高峰，果实膨大期是吸收养分高峰期，这段时期应以氮、磷、钾三要素为主，适当地增加磷、钾肥，有利于果实发育、品质提高和根系生长。果实成熟至落叶前，是树体养分进行积累贮藏期，为减缓叶片衰老过程和提高后期叶片的光合效能，可适当地追施氮肥，促进树体的养分积累和贮存。

二、施肥技术

枣树年生育周期亩施肥量为商品有机肥400～500kg，氮肥（N）15～16kg、磷肥（P_2O_5）7～8kg、钾肥（K_2O）8～10kg。有机肥做基肥，氮、钾分基肥和追肥，磷肥全部基施，化肥和有机肥混合施用（表3-15、表3-16）。

1. 基肥

基肥以有机肥为主，配合适量化肥。一般亩施商品有机肥400～500kg，尿素11～12kg、过磷酸钙44～50kg、硫酸钾4～5kg。基肥在秋季采取环状沟或放射沟施入。

2. 追肥

追肥应根据枣树生长发育情况、土壤肥力情况等确定合理时期和次数。

萌芽前追肥：又称催芽肥，北方枣区一般多在4月上旬进行，特别是秋季未施基肥的枣园，此次追肥尤为重要，不但可以促进萌芽，而且对花芽分化、开花坐果都非常有利。因此此次追肥不仅可保证枣树正常生长对营养的需求，而且有利于产量的提高。一般可追施尿素10～12kg、硫酸钾6～8kg。

花期追肥：枣树花芽为当年分化，多次分化，随生长随分化，分化时间长，分化数量多。因此，枣树开花数量多，开花时间长，消耗营养多，而往往由于营养不足，造成大量落花落果。花期及时补充树体营养，不但可以提高坐果率，而且有利于果实的生长发育。花期追肥多采用叶面喷施尿素的方法，这样吸收快，有利于营养的及时补充。

助果肥：果实迅速生长，如肥水不足则影响果实的发育甚至落果。因此，果实膨大期追肥，不仅直接影响产量的高低，而且也关系着果实品质的好坏。此次追肥以7月中旬为宜，除追施氮肥外，配合施入磷、钾肥，以满足枣果发育对营养元素的需求，提高果实品质。一般可追施尿素10～12kg、硫酸钾6～8kg。

后期追肥：8～9月份追肥对促进果实成熟前的增长、增加果实重量及树体营养的累积尤为重要，特别对于结果多的植株更不容忽视。后期追肥，不仅有利于产量和品质的提高，而且对翌年的生长和结果也有良好的影响。后期追肥可喷施氮肥并配合一定数量的磷、钾肥。

3. 根外追肥

在枣树枝叶、花蕾生长期可叶面喷施0.3%～0.5%的尿素、0.5%～1.0%的磷酸二铵；花期和幼果期可喷施0.2%～0.5%的硼砂、0.3%的尿素、0.5%的磷酸二铵等；果实膨大期和根系生长高峰期可喷施0.5%的磷酸二铵、0.3%磷酸二氢钾或5%的草木灰浸出液；9～10月上旬可喷施0.5%的尿素并配合0.3%的磷酸二氢钾；土壤缺锌可在发芽展叶期喷施 2~3 次 0.3% 硫酸锌，缺铁可喷施 0.3%~0.5% 的硫酸亚铁。

表 3-15　枣树推荐施肥量　　　　　　　　　　（单位：kg/亩）

肥力等级	推荐施肥量		
	纯氮	五氧化二磷	氧化钾
低肥力	16~17	8~9	9~11
中肥力	15~16	7~8	8~10
高肥力	14~15	6~7	7~9

表 3-16　枣树测土配方施肥推荐卡　　　　　　（单位：kg/亩）

基肥推荐方案				
肥力水平		低肥力	中肥力	高肥力
有机肥	商品有机肥	500~600	400~500	300~400
	或农家肥	4 000~5 000	3 000~4 000	2 000~3 000
氮肥	尿素	12~13	11~12	10~11
	或硫铵	25~27	24~26	22~24
	或碳铵	30~32	28~30	26~28
磷肥	过磷酸钙	50~56	44~50	38~44
钾肥	硫酸钾	5~6	4~5	4~5
	或氯化钾	4~5	4~5	3~4

追肥推荐方案						
施肥时期	低肥力		中肥力		高肥力	
	尿素	硫酸钾	尿素	硫酸钾	尿素	硫酸钾
萌芽期	12~13	7~9	11~12	6~8	10~11	6~7
果实膨大期	12~13	7~9	11~12	6~8	10~11	6~7

第九节　山楂树需肥特点与施肥技术

一、需肥特点

山楂树属于蔷薇科山楂属。山楂树的根系生长能力较强，但主根欠发达、侧根分布浅。在北方地区一年内有 3 次根系发育高峰。山楂树的适应性强，树势强壮，抗性强，较耐贫瘠。平原、山地都可栽培。相对而言，山楂树喜冷凉湿润的小气候。在土壤条件方面，喜中性或微酸性的土壤，质地以壤质土为佳，在碱性土壤或质地较黏重的土壤上则容易长势差、品质劣。

研究表明：通过施肥提高土壤养分含量后，对山楂树的长势和产量及品质都有显著的促进作用。一般情况下，山楂树需要的氮磷钾肥料的比例为1.5:1:2。其肥料的具体用量需根据土壤的养分供应能力、树龄的大小、品种的特点、产量的高低、气候因素等灵活确定。土壤肥力低、树龄高、产量高的果园，施肥量要高一些；土壤肥力较高、树龄小、产量低的果园施肥量应当降低。品种较耐肥、气候条件适宜、水分适中的施肥量要高一些，反之，施肥量应适当降低。若有机肥的施用量较多，则化学肥料的施用量就应少一些。山楂树对微量元素肥料的需要量较少，主要靠有机肥和土壤提供，但如果土壤含量偏低出现缺素症应及时补充微量元素肥料。总之，合理施肥是保证山楂树生长发育和丰产的重要措施之一，通过合理施肥可以促使树体生长健壮，促进花芽分化，减少落花落果，提高产量和质量，防止大小年，延长结果年限，增强果树对不良环境的抵抗能力。同时能提高土壤肥力，改善土壤结构。

二、施肥技术

山楂树年生育周期亩施肥量为商品有机肥400～500kg，氮肥（N）14～16kg、磷肥（P_2O_5）6～8kg、钾肥（K_2O）8～9kg。有机肥做基肥，氮、钾分基肥和追肥，磷肥全部基施，化肥和有机肥混合施用（表3-17、表3-18）。

1. 基肥

基肥以有机肥为主，配合适量化肥。一般亩施商品有机肥400～500kg，尿素10～12kg、过磷酸钙38～50kg、硫酸钾8～9kg。基肥在秋季采取环状沟或放射沟施入。

2. 追肥

花期追肥：以氮肥为主。根据实际情况也可适当配合施用一定量的磷钾肥。结合灌溉开小沟施入。一般可追施尿素10～12kg、硫酸钾3～4kg。

果实膨大前期追肥：果实膨大前期要为花芽的前期分化改善营养条件，一般根据土壤的肥力状况与基肥、花期追肥的情况灵活掌握。土壤较肥沃，基肥、花期追肥较多的可不施或少施，土壤较贫瘠，基肥、花期追肥较少或没施肥的,应适当追施。

果实膨大期追肥:以氮钾肥为主,配施一定量的磷肥,主要是促进果实的生长,提高山楂的碳水化合物含量,提高产量、改善品质。一般可追施尿素 10~12kg、硫酸钾 5kg。

3. 根外追肥

山楂树叶面喷肥可根据生长发育情况而定,喷施时期可参照追施时期。肥料的种类和浓度为:0.2%~0.3%的硼砂,0.3%~0.5%的尿素,0.3%~0.5%的磷酸二氢钾,1.0%~3.0%的过磷酸钙,3.0%的草木灰浸出液。

表 3-17 山楂树推荐施肥量 (单位:kg/亩)

肥力等级	推荐施肥量		
	纯氮	五氧化二磷	氧化钾
低肥力	15~17	7~9	9~10
中肥力	14~16	6~8	8~9
高肥力	13~15	6~7	7~8

表 3-18 山楂树测土配方施肥推荐卡 (单位:kg/亩)

基肥推荐方案				
肥力水平		低肥力	中肥力	高肥力
有机肥	商品有机肥	500~600	400~500	300~400
	或农家肥	4 000~5 000	3 000~4 000	2 000~3 000
氮肥	尿素	11~13	10~12	9~11
	或硫铵	24~27	22~25	21~24
	或碳铵	28~32	26~30	24~28
磷肥	过磷酸钙	44~57	38~50	38~44
钾肥	硫酸钾	9~10	8~9	7~8
	或氯化钾	8~9	7~8	6~7

追肥推荐方案						
施肥时期	低肥力		中肥力		高肥力	
	尿素	硫酸钾	尿素	硫酸钾	尿素	硫酸钾
花期	11~12	4~5	10~12	3~4	9~11	3~4
果实膨大期	11~12	5	10~12	5	9~11	4

第十节 柿树需肥特点与施肥技术

一、需肥特点

柿树属柿树科柿树属，是一种栽培广、易管理、寿命长、产量高的果树。柿树是深根性果树，根系强大，根系一年中有2~3次生长高峰，以雨季生长最旺，11月停止。柿树吸收肥力强而范围广泛，故对土壤要求不严格，但以土层深厚，地下水位在1m以下，保水保肥力强的壤土或黏壤土为宜。柿树不同品种对土壤酸碱度有较强的适应能力，由碱性到酸性均能很好生长，在pH值5.0~6.8的范围内较适宜。土壤总盐量不能超过0.1%~0.13%，土壤中Cl^-和SO_4^{2-}较多时不利柿树生长。

柿树生长发育需要氮、磷、钾及多种中微量元素。分析柿树每年新形成的枝、叶、根、果所含的氮、磷、钾，其氮、磷、钾的比例约为1:0.27:0.86。从国内外的总结推算，每生产1 000kg果实，大约需要氮（N）8.3kg，磷（P_2O_5）2.5kg，钾（K_2O）6.7kg，氮、磷、钾的比例约为1:0.3:0.8。由此可见，柿树对氮的需求量最大，其次是钾、磷。柿树需钾较多，缺钾果实变小，钾肥过多，品质不佳。柿树生长发育旺盛，要实现优质高产合理施肥非常重要，柿树施肥应以有机肥为主，在不同发育期配合适量的氮磷钾化肥，以协调满足柿树生长、发育、开花结果对养分的需求。

二、施肥技术

柿树年生育周期亩施肥量为商品有机肥400~500kg，氮肥（N）17~18kg、磷肥（P_2O_5）7~8kg、钾肥（K_2O）8~10kg。有机肥做基肥，氮、钾分基肥和追施，磷肥全部基施，化肥和有机肥混合施用（表3-19、表3-20）。

1. 基肥

基肥以有机肥为主，配合适量化肥。一般亩施商品有机肥400~500kg，尿素12~13kg、过磷酸钙44~50kg、硫酸钾8~10kg。基肥在秋季采取环状沟或放射沟施入。

2. 追肥

柿树追肥应根据生长发育情况、土壤肥力情况等确定合理的追肥时期和次数。

花前追肥：花前追肥可以促进保花保果。以 4 月下旬至 5 月上旬追施为好。追肥过早过多，易造成落花落果。以速效氮肥为主。一般可追施尿素 12～13kg，硫酸钾 3～4kg。

花后追肥：以速效氮肥为主，磷肥次之，根据生长发育情况适量追肥，也可结合喷施微量元素肥料。

果实膨大期追肥：这一时期正值果实迅速生长期，是柿树吸收营养的高峰期，及时追肥能够促进果实生长发育，减缓生理落果。一般在 6 月下旬至 7 月中旬追肥，以氮肥、钾肥为主。一般可追施尿素 12～13kg，硫酸钾 5～6kg。

果实生长后期追肥：果实生长后期追肥可以增加树体营养积累。一般可在 8 月中旬以后根据情况适量追肥，过早会刺激秋梢发生。

3. 根外追肥

根外追肥的时间、次数、浓度等根据生育周期及树势而定。通常在春梢生长、花前、花后可叶面喷肥 2～3 次。花前叶面喷施 0.3％～0.5％的尿素溶液＋0.1％～0.5％硼酸溶液。花后叶面喷施 0.3％～0.5％尿素溶液＋0.2％～0.3％的磷酸二氢钾溶液。6 月下旬果实生长高峰期，喷施 1～2 次 0.5％尿素与 0.2％～0.3％磷钾肥混合液。在果实二次膨大和着色期，喷施 1～2 次速效氮和 0.2％～0.3％磷钾肥混合液。

表 3-19　柿树推荐施肥量　　　　（单位：kg/亩）

肥力等级	推荐施肥量		
	纯氮	五氧化二磷	氧化钾
低肥力	18～20	8～9	10～11
中肥力	17～18	7～8	8～10
高肥力	16～17	6～7	7～9

表 3-20　柿树测土配方施肥推荐卡　　　　（单位：kg/亩）

基肥推荐方案				
肥力水平		低肥力	中肥力	高肥力
有机肥	商品有机肥	500～600	400～500	300～400
	或农家肥	4 000～5 000	3 000～4 000	2 000～3 000
氮肥	尿素	13～15	12～13	12～13
	或硫铵	30～32	27～29	25～27
	或碳铵	35～37	32～33	30～32
磷肥	过磷酸钙	50～56	44～50	38～44
钾肥	硫酸钾	10～11	8～10	7～9
	或氯化钾	9～10	7～9	6～8

追肥推荐方案						
施肥时期	低肥力		中肥力		高肥力	
	尿素	硫酸钾	尿素	硫酸钾	尿素	硫酸钾
花前	13～15	5	12～13	3～4	12～13	3～4
果实膨大期	13～15	5～6	12～13	5～6	12～13	4～5

第四章
果树缺素症及其诊断方法

农作物正常生长发育需要吸收16种必要的营养元素,碳、氢、氧、氮、磷、钾、钙、镁、硫、铁、硼、锰、铜、锌、钼、氯。其中碳、氢、氧从空气中吸收,其他营养元素都从土壤中吸收,这16种营养元素有同等重要的作用。如果缺乏任何一种营养元素,作物生理代谢就会发生障碍,不能正常生长发育,使根、茎、叶、花或果实在外形上表现出一定的症状,将会引起农作物减产,通常称为农作物的缺素症。作物缺素症是作物体内营养不良的外部表现,作物的反应是进行田间判断的依据。因此,通过对作物进行形态诊断,了解作物的营养状况是科学施肥的重要依据。生产上如能及时施用含所缺元素的肥料,一般症状即可减轻或消失,产量损失也可大大减轻。缺素症的诊断步骤是:

第一步:看作物发生变化的部位。一般来说,作物缺乏大量营养元素时,往往从下部的老叶先表现出缺素症,而缺乏微量营养元素时,则症状最早出现在作物上部新生叶片上,症状出现的部位是识别缺素症的主要依据。

作物在缺乏大量营养元素氮磷钾时,由于它们在作物体内流动性大,可从植株下部的老叶向新叶中转移,以保证新叶的正常生长,因而缺素症状首先从植株下部的老叶上表现出来,这种养分能从衰老器官向新生器官转移的现象称为养分的再利用。然而,微量元素则不同,微量元素在植物体内不易移动。在作物缺乏微量营养元素时,由于它们不能从老叶向新叶转移,因而缺素症大多发生在新叶上。这是作物缺乏大量营养元素与缺乏微量营养元素在形态上有重要区别的原因。确定了缺乏大量营养元素或微量营养元素以后,就需要进一步诊断具体缺乏什么营养元素。

应该指出:天旱无雨时,植株的叶片也会发黄,干枯,但它不仅仅是下部叶片发黄,而且是植株的所有叶片都会有变化,只是下部叶片更严重一些,出现这种情况不要误诊为缺氮,遭受病虫害时也会在叶子上留下一些斑点,但不会是从下部叶片开始,这些要与营养缺乏症区别开。最重要的是，观察要仔细，严格区分生理性病害和病原性病害。

第二步：看作物变化后的特征。包括叶片大小、叶色以及是否出现畸形等，例如小麦缺氮的叶片普遍出现黄化，叶片变小，叶肉薄，植株矮小；小麦缺磷时幼苗的叶片常出现紫红色，尤其是叶片的背面紫红色明显；玉米缺钾叶片边缘呈枯黄色。如果缺乏某种微量元素，不同作物也会有不同的表现，例如，玉米缺锌，幼苗呈现白苗。经常熟悉作物缺素症图谱对确定作物的缺素症是有帮助的。

当诊断出作物所缺元素以后，就应该加以补充。正确的做法就是对症施肥，缺氮时应及时追施氮肥，缺磷时应及时喷施磷肥，缺锌时及时喷施锌肥，这样做缺素症就可以逐渐消失，大大减轻产量损失，所以说，形态诊断是科学施肥的重要依据之一。

第一节 葡萄缺素症及防治方法

一、缺氮

症状：葡萄缺氮时，老组织先表现症状，黄化枯焦，早衰，新叶淡绿色，叶片小而薄，易早落，植株生长不良，枝条短而细，皮呈红棕色，果穗与果粒均小，产量明显下降。

防治方法：及时追施速效氮肥如尿素、碳铵等，每亩 $10\sim15kg$，一般施用氮素化肥后，症状很快消失。在葡萄生长前期可叶面喷施 0.3% 的尿素，也可在果实采收后喷施 0.5% 的尿素溶液，连喷 $2\sim3$ 次。

二、缺磷

症状：葡萄缺磷时，老组织先表现症状。叶片较小，茎叶暗绿色或紫红色，老叶上生有枯斑，易早落，生育期推迟，花芽分化不良，果实品质下降。

防治方法：施用磷肥，每亩基施或追施过磷酸钙 $30\sim40kg$。喷施磷肥：如出现暂时性的缺磷现象，可以叶面喷施 $0.1\%\sim0.3\%$ 的磷酸二氢钾或 $3\%\sim5\%$ 的过磷酸钙浸出液 $2\sim3$ 次。

三、缺钾

症状：葡萄缺钾时，老组织先表现症状，叶尖及边缘焦枯叶片变脆，并出现斑点，症状随生育进程而加重，早衰，果实小，着色差，含糖量低，成熟度不整齐。

防治方法：增施钾肥和有机肥：基施或追施硫酸钾 10~20kg，增加有机肥的投入。叶面喷钾，可以叶面喷施 0.1%~0.3%的磷酸二氢钾 2~3 次。

四、缺钙

症状：葡萄缺钙时，顶芽易枯死，叶尖钩状，并相互粘连，不易伸展，幼叶一部分或全部死亡，有时小叶或全叶呈红棕色，新根容易死亡，形成粗短且多分枝的根群，是缺钙的典型症状。

防治方法：叶面喷施 0.5%~1.0%的过磷酸钙浸出液，也可喷施 0.5%的氯化钙或硝酸钙溶液，连喷 2~3 次。在氮较多的葡萄园中，不宜喷硝酸钙，以免增加氮的含量。

五、缺镁

症状：葡萄缺镁时，老组织先表现症状。叶脉间明显失绿，出现清晰网状脉网，有条状色泽斑或块斑。叶片皱缩，新梢中下部叶片易早落，枝条呈光秃状。

防治方法：缺镁严重的果园可以在秋施基肥时每亩施入硫酸镁 20~30kg。在植株发生缺镁症状时，可叶面喷施 0.1%~0.2%的硫酸镁或氯化镁溶液 2~3 次。

六、缺锌

症状：葡萄缺锌时，新梢节间变短，叶小簇生（即所谓的"小叶病"）。叶脉间叶肉黄化，严重时干枯脱落。果穗松散，产生大量无籽小粒果，小粒果始终坚硬，色绿不成熟，产量显著降低。

防治方法：冬剪后随即用 10%的硫酸锌溶液涂抹剪口或结果母枝。发现葡萄缺锌时，可株施 0.25kg 硫酸锌，或花前 2~3 周和花后喷施 0.3%~0.5%的硫酸锌溶液 2~3 次。

七、缺铁

症状：葡萄缺铁时，新叶脉间失绿，发展至整叶呈淡黄色或白色，但叶脉仍保持绿色。与缺镁失绿所不同的是，缺铁失绿首先表现在新叶上。

防治方法：叶面喷施 0.1%~0.2%的柠檬酸铁或硫酸亚铁溶液

2~3次。

八、缺硼

症状：葡萄缺硼时，顶芽易枯死，会引起叶缘和叶脉黄化，叶片皱缩不平或向背面翻卷并发生枯焦。严重时引起大量落蕾，即使结果也表现为果粒小，种子发育不良或无籽，果梗细，果穗弯曲。

防治方法：生长期每株施 30g 硼砂后浇水；花前 2~3 周和盛花期叶面喷施 0.1%~0.2% 的硼酸或硼砂溶液 2~3 次。

第二节　苹果树缺素症及防治方法

一、缺氮

症状：苹果缺氮时，先从枝条的基部叶开始，叶片小而薄、色淡，叶柄和叶脉呈紫红色或淡红色，春季叶呈黄红色，夏季叶片薄且叶色发黄，严重时早期落叶，新梢长势弱，短而细，花芽形成少，落花落果严重，果实小，成熟早，色暗、色淡、大小年结果现象严重。

防治方法：基肥增施有机肥料，并且增施氮肥加以补充，在生长季节及时追肥尿素、硝酸铵等氮肥，也可用 0.5%~0.8% 尿素溶液叶面喷施 2~3 次作为辅助治疗。

二、缺磷

症状：苹果缺磷时，最初表现在新梢和老叶上，叶片小而薄，老叶呈暗绿色，新梢细弱、短小，分枝少。严重缺磷时，老叶变为黄绿色和深绿色相间的花叶状，近叶缘的叶面上呈现红色、紫色的斑块，枝条基部叶片早落，花芽少，果实少，果实色泽差。缺磷还可引起花芽分化不良，树体抗逆性差，易受冻害，还可引起早期落叶，产量下降。

防治方法：以增施有机肥为主，补施磷肥为辅，在根系分布层施入充足的磷肥，叶片展叶后，叶面喷施 0.5%~1% 过磷酸钙 2~3 次，能有效地防治苹果树缺磷的现象。

三、缺钾

症状：苹果缺钾时，先从新梢中部或下部叶出现，叶缘和叶尖失绿而呈棕黄色，之后很快呈黄褐色或紫褐色枯焦。严重缺钾时，叶片从边缘向内焦枯，向下卷曲枯死而不易脱落，花芽小，果实着色面小，色泽差，不耐储藏。

防治方法：在细砂土、酸性土以及有机质少的土壤中，容易发生缺钾现象，为了防治缺钾，施基肥时要注意合理搭配氮磷钾的比例，及时追施硫酸钾、硝酸钾、草木灰等钾肥，也可用0.3%～0.5%的磷酸二氢钾叶面喷施2～3次。

四、缺钙

症状：苹果缺钙现象较为普遍，轻度缺钙时地上部无明显症状，地下部新根停止生长早，根系短而粗；严重缺钙时，幼叶变成棕褐色或绿褐色的焦枯状，有时叶尖和焦边向上卷曲，缺钙会使果实阳面呈现黄色的灼烧状，引发苹果苦痘病和红玉斑点病。

防治方法：增施有机肥料，要适量施入氮肥。基施或追施钙肥，每亩施硝酸钙20～25kg，生长季节叶面喷施0.3%～0.5%硝酸钙，连喷3～4次。

五、缺锌

症状：苹果缺锌时，主要表现在新梢和叶上，春季病枝发芽晚，叶片狭小细长，叶缘向上，叶呈黄绿色，小叶簇生，新梢节间极短，俗称"小叶病"。严重缺锌时，叶尖和叶缘变褐并逐渐焦枯，自下而上早落。

防治方法：结合施基肥时，施入一定量的锌肥，如硫酸锌、氧化锌、碳酸锌等，还可在树下挖放射沟，每株大树施入0.5～1.0kg的硫酸锌；发芽前半个月，全树喷3%～5%硫酸锌溶液，花后3周喷0.2%～0.3%的硫酸锌溶液，连喷2～3次，重病树连续喷2～3年。

六、缺铁

症状：苹果缺铁时，主要表现在新梢和幼嫩叶片上，开始叶肉变黄，叶脉为绿色成典型的网状失绿。缺铁严重时，叶脉也变成黄色，出现褐色枯斑和枯边，甚至干枯死亡。叶片失去光泽，叶片皱缩，枝梢顶端枯死，影响苹果的生长和发育。

防治方法：对发病严重的可在发芽前喷0.3%～0.5%硫酸亚铁溶液，生长季节每隔15天叶面喷施1次0.1%～0.2%硫酸亚铁溶液或柠檬酸铁溶液，连喷2～3次；也可结合施基肥在根系分布层挖放射状沟，施入硫酸铁、硫酸亚铁、柠檬酸铁。

七、缺硼

症状：苹果缺硼主要表现为缩果症。花器官发育不良，落花落果严重，坐果率低春季发芽晚，叶片小而发黄；严重缺硼时，叶片从叶脉或叶柄处折断，发出的细弱枝不久即枯死，枝条下方的多数侧芽萌生细枝，形成"扫帚枝"。果皮木栓化，局部果皮微有凹陷，使果实扭曲变形。

防治方法：秋季或春季结合施基肥时施入硼砂，每株大树应控制在200g左右，小树100g；也可在开花前、盛花期、落花后各喷施1次0.2%～0.3%的硼砂或0.1%硼酸溶液。

八、缺镁

症状：苹果缺镁初期，叶色浓绿，少数幼树新梢顶端的叶片稍显退绿。此后，新梢基部成熟叶片外缘和叶脉间出现淡绿色斑块，逐渐变成红褐色或深褐色，经2～3天后，病叶卷缩脱落。

防治方法：结合施基肥，施用镁肥，如硫酸镁每亩10～15kg等；在生长期缺镁可用1%硫酸镁溶液叶面喷施，每15天喷一次，连喷2～3次。

九、缺铜

症状：苹果缺铜时，新梢顶端叶尖失绿变黄，甚至脉间呈白色，叶畸形，叶脉上有锈纹斑，随后变褐干枯而脱落形成光条；果实易得"糖蜜病"。

防治方法：结合施基肥，施用适量铜肥，如硫酸铜等；生长期可用0.01%～0.1%硫酸铜溶液叶面喷施，每15天喷1次，连喷3次。

第三节 桃树缺素症及防治方法

一、缺氮

症状：桃树缺氮时，全树叶片浅绿至黄色，新梢下部老叶首先发病，叶片变黄，叶柄、叶缘和叶脉变红，后期脉间叶肉产生红棕色斑点，斑点多，发病重时叶肉呈紫褐色坏死。新梢停止生长，细而短，皮部呈浅红或淡褐色，叶片自下而上脱落。

防治方法：基施或及时追施尿素、硫铵、氯化铵或碳酸氢铵等氮肥，叶面喷施尿素，前期200～300倍液，秋季30～50倍液，连喷2～3次。

二、缺磷

症状：桃树缺磷时，首先是新梢中下部叶片发病，逐渐遍及整个枝条，直至症状在全树表现。初期叶片呈深绿色，叶柄变红，叶背叶脉变紫，后期叶片正面呈紫铜色。基部老叶有时出现黄绿相间的花斑，甚至整叶变黄，常提早脱落。顶端幼叶有时直立生长，狭窄并下卷。新梢细且分枝少，色呈紫红。果小味淡、早熟。

防治方法：秋施基肥时增施有机肥和磷肥，生长期间出现缺磷症状时叶面喷施0.3%～0.5%磷酸二氢钾溶液或1%～3%过磷酸钙浸出液2～3次。

三、缺钾

症状：桃树缺钾时，新梢中部叶片先发病，逐渐向基部和顶端发展，一般自下而上渐重，严重时全树萎蔫，抗逆性下降。初期叶缘枯焦，色呈黄绿，后期，叶缘继续干枯，而叶肉组织仍然生长，主脉皱缩，叶片上卷，叶缘附近出现褐色坏死斑，叶背多变红色，新梢细而长，花芽少，果小，着色差并早落。

防治方法：基肥应增施农家肥、绿肥等有机肥，并增施钾肥，生长期间可追施硫酸钾和草木灰等钾肥，叶面喷施0.3%～0.5%磷酸二氢钾水溶液2～3次。

四、缺钙

症状：桃树缺钙时，先从幼叶出现症状，再逐渐向老叶发展。初期幼叶深绿，其叶尖、叶缘或叶脉附近出现红褐色坏死斑，后期幼叶发黄，大量脱落，造成枝梢顶枯。老叶叶缘失绿、干枯并破损。根系生长受阻，幼根腐烂死亡，烂根附近长出短而粗的新根。

防治方法：及时喷施0.1%硫酸钙溶液、或0.3%～0.5%硝酸钙溶液、或0.5%～1.0%氯化钙溶液，连喷2～3次。

五、缺镁

症状：桃树缺镁时，病症多发生在老叶上，一般幼叶不发生，多在果实膨大期开始表现症状。发病初期老叶叶缘和脉间出现浅绿色水渍状斑点，斑点逐渐扩大为紫褐色坏死斑块，后期病叶卷缩早落，并由新梢下部向中上部发展。

防治方法：增施有机肥，改良土壤。缺镁严重时，结合秋施基肥，根施镁肥，中性土壤可用硫酸镁，酸性土壤可用碳酸镁。在生长期可叶面喷施 2%～3% 的硫酸镁溶液，连喷 2～3 次。

六、缺锌

症状：桃树缺锌多从老叶开始，然后逐渐向新叶发展，使新梢上下普遍发生，一般在生长初期就能表现症状。桃树缺锌时，相应表现出生长受阻、叶片失绿以及树体阳面叶片病重。缺锌初期，下部叶片除叶脉及其附近仍然保持原有绿色外，脉间叶肉明显失绿变黄，顶端叶片小，无叶柄，呈丛状簇生。缺锌后期，病叶狭窄质硬，有时皱缩外卷并产生紫红色斑，老叶极易早落，并由下往上发展，最终造成新梢光秃甚至枯死。

防治方法：增施有机肥，改良土壤。秋施基肥时，株施 0.5～1.0kg 硫酸锌。休眠期喷施 3%～5% 硫酸锌，生长期可在花后 20 天喷施 0.2% 硫酸锌加 0.3% 尿素混合液，连喷 2～3 次。

七、缺铁

症状：桃树缺铁时，多从新梢顶端叶片开始，而且自上而下渐轻。缺铁抑制了叶绿素的合成，使桃树表现出从失绿到黄化再到白化的症状。缺铁轻时，一般叶片不萎蔫，新梢顶芽仍然生长，缺铁严重时，叶缘枯焦，有时叶片出现褐色坏死，连较细的侧脉也变黄，新梢顶端枯死，其中上部叶片早落。

防治方法：增施有机肥，改良土壤。桃树出现缺铁症状时，可叶面喷施硫酸亚铁溶液 2～3 次，生长期喷施浓度为 0.2%～0.4%，休眠期喷施浓度为 2%～4%。

八、缺硼

症状：桃树缺硼初期，顶芽停长，幼叶黄绿，其叶尖、叶缘或叶基出现枯焦，并逐渐向叶片内部发展，后期，病叶凸起、扭曲甚至坏死早落。新梢顶枯，并从枯死部位下方长出许多侧枝，呈丛枝状。新生小叶厚而脆，畸形，叶脉变红，叶片丛生。

防治方法：结合秋施基肥，增施有机肥，严重时株施硼砂150～200g，花期前后喷施0.3%的硼砂溶液，连喷2～3次。

九、缺锰

症状：桃树缺锰时，首先从新梢上部叶片发病，而且自上向下渐重。初期叶缘色变浅绿，并逐渐扩展至脉间失绿，而主脉和中脉及其邻近组织仍为绿色，后期仅中脉保持绿色，而叶片大部黄化。一般叶片不萎蔫，新梢顶芽仍然生长，但在缺锰极重时，新梢生长矮小，叶片小呈褐色坏死斑，斑点较小。

防治方法：结合秋施基肥，增施有机肥，桃树出现缺锰症状时，及时叶面喷施0.2%～0.3%硫酸锰溶液2～3次。

十、缺铜

症状：桃树缺铜时，主要症状是幼叶失绿萎蔫和新梢顶枯。初期，茎尖停长，细而短，幼叶尖和叶缘出现失绿，并产生不规则褐色坏死斑，逐渐向叶片内部发展，造成萎蔫状。后期，幼叶大量脱落，顶芽和顶梢枯死，病情逐渐向新梢中下部蔓延，在次年甚至当年，经常从枯死部位以下发出许多新梢，呈丛状，但这些新梢也会因缺铜而产生枯顶，树体矮化和衰弱。严重时，树皮粗糙并木栓化，有时出现开裂流胶现象。

防治方法：增施有机肥，改良土壤。缺铜严重时秋施基肥时株施0.5～2.5kg硫酸铜。也可喷施硫酸铜溶液2～3次，萌芽前浓度为0.1%，花后浓度为0.05%。

第四节　梨树缺素症及防治方法

一、缺氮

症状：梨树在生长期缺氮，叶呈黄绿色，老叶转变为橙红色或紫色，易早落。花芽、花及果实都少，果实变小，但着色很好。

防治方法：基施并及时追施速效性氮肥。在雨季和秋梢生长期，树体需要大量氮素，可向树冠喷洒0.3%～0.5%尿素溶液2～3次。

二、缺磷

症状：梨树磷供应不足时，光合作用产生的糖类物质不能及时运转，积累在叶片内，转变为花青素，使叶片呈紫红色，尤其是春季或夏季生长较快的枝叶几乎都呈紫红色。这种症状是缺磷的重要特征。

防治方法：基施或追施磷肥，也可在展叶期叶面喷施 0.2%～0.3%的磷酸二氢钾水溶液或 1%～3%的过磷酸钙浸出液 2～3 次。因土壤碱性和钙质高造成植株缺磷，需施入硫酸铵使土壤酸化，以提高土壤中磷的有效成分。

三、缺钾

症状：梨树缺钾时，当年生枝条的中下部叶片边缘变为枯黄色，后呈枯焦状，叶片常发生皱缩或卷曲。严重缺钾，可整叶枯焦，挂在枝上，不易脱落。枝条生长不良，果实常呈不熟的状态。

防治方法：增施农家肥或种绿肥压青。生长期每亩追施硫酸钾 20～25kg；也可叶面喷施 0.2%～0.3%的磷酸二氢钾 2～3 次。

四、缺硼

症状：梨树缺硼时，果肉的维管束部位发生褐色凹斑，组织坏死，味苦。

防治方法：增施有机肥。花前、开花和落花后，喷施 3 次 0.5%的硼砂溶液，或者每株大树根施 150～200g 硼砂，施后立即灌水，以防产生要害。

五、缺钙

症状：梨树缺钙时，新梢叶上形成褪绿斑，叶尖及叶缘向下卷曲，几天后，褪绿部分变成暗褐色并形成枯斑，症状逐渐向下部叶扩展。果实缺钙易形成顶端黑腐。

防治方法：土壤施钙，在砂质土壤上穴施石膏、硝酸钙或氧化钙；叶面施钙，叶面喷施氯化钙，喷施氯化钙和硝酸钙易造成药害，安全浓度为 0.5%，一般喷施 4～5 次。

六、缺镁

症状：梨树缺镁时，叶片失绿，先从枝条基部叶片失绿，失绿叶片的叶脉间变为淡绿色或淡黄色,呈肋骨状失绿。枝条上部的叶片呈深棕色,叶脉间可产生枯死斑。严重缺镁时,从枝条基部叶片开始脱落。

防治方法:轻度缺镁时,采用叶面喷施含镁溶液,可喷施2%～3%的硫酸镁溶液3~4次。严重缺镁时则以根施镁肥的效果好、持续时间长,但根施效果慢。在酸性土壤中,为了中和酸度,可施镁石灰或碳酸镁,中性土壤中可以施硫酸镁。

七、缺铁

症状:梨树缺铁多从新梢顶部嫩叶开始发病。初期叶肉由失绿变黄,叶脉两侧仍保持绿色,叶呈绿网纹状,叶片较正常的小,随着病情的加重,黄化程度进一步发展,致使全叶呈黄白化,叶片边缘开始出现褐色焦枯斑,严重者叶焦枯脱落,顶芽枯死。

防治方法:增施有机肥和绿肥,改良土壤,增加土壤有机质含量,提高植株对铁素的吸收利用率。对发病严重的梨树,于发芽后喷0.5%硫酸亚铁溶液2~3次。

八、缺锰

症状:梨树缺锰时,叶片的叶脉间失绿,叶脉为绿色,即呈现肋骨状失绿。这种失绿从茎枝基部到新梢都可发生(不包括新生叶),多从新梢中部开始失绿,向上下两个方向扩展。叶片失绿后,沿中脉显示一条绿色带。

防治方法:叶面喷施硫酸锰,叶片生长期,可喷3次0.3%的硫酸锰溶液。枝干涂抹硫酸锰溶液,可以促进新梢和新叶生长。土壤施锰肥,应在土壤含锰量极低时进行,将硫酸锰混在其他肥料中施用。

第五节 樱桃树缺素症及防治方法

一、缺氮

症状:樱桃缺氮时,叶片淡绿,较老叶现橙色、红色或紫色,早期脱落。花芽、花、果均少,果小且高度着色。

防治方法:增施有机肥和尿素、硫酸铵等氮肥。发现樱桃缺氮症状时,叶面喷施0.3%～0.4%尿素溶液1~2次。

二、缺磷

症状：樱桃缺磷时，叶片稀少，枝叶变为灰绿色，叶脉、叶柄变紫，早期落叶。果实不易着色，含糖量低，花芽形成不良，产量下降，树体寿命缩短。

防治方法：土壤增施有机肥及磷肥。樱桃树生长期缺磷时，可叶面喷施 0.2%～0.3%的磷酸二氢钾 2～3 次。

三、缺钾

症状：樱桃缺钾时，表现为叶片边缘枯焦，从新梢的下部逐渐扩展到上部，老樱桃树的叶片上首先发现枯焦。有时叶片呈青（铜）绿色，进而叶缘可能与主脉呈平行卷曲状，褪绿，随后灼伤或死亡。

防治方法：土壤增施有机肥和钾肥，叶面喷施 0.3%～0.4%磷酸二氢钾水溶液 2～3 次。

四、缺硼

症状：樱桃缺硼时，枝梢顶部变短，叶窄小，叶缘锯齿不规则，虽然有时还能形成花芽，但不开花结果。即使开花结果，果实上出现数个斑点，硬斑处发育缓慢，逐渐木栓化，也称缩果症。植株正常部位生长迅速，因而发生整株上的果实生长发育不均衡，出现果实畸形，这种畸形一直到采收时仍不脱落，严重影响樱桃的产量和品质。

防治方法：增施有机肥，对贫瘠土地进行深翻，加强水土保持，干旱年份注意浇水。花期喷施 0.25%～0.5%硼砂或硼酸 1～2 次，也可每株施 150～200g 硼砂。

五、缺钙

症状：樱桃缺钙时，叶上有淡淡的褐色和黄色标记，叶可能变成带有很多洞的网架状叶，枝条生长受阻。

防治方法：每亩基施石灰 30～50kg；生长初期喷施 0.1%的硫酸钙溶液或 0.5%的硝酸钙溶液或 0.4%的氯化钙溶液 2～3 次。

六、缺镁

症状：樱桃缺镁时，较老叶片脉间呈褪绿状，随之坏死。叶缘经常是首先发病部位，呈紫色、红色或橙色，有浅晕，易先行坏死，早期落叶。

防治方法：每株用 30～50g 硫酸镁对水 3～5kg 浅沟浇施根部。叶面喷施 0.1%～0.3% 硫酸镁溶液，连续喷 3～4 次，每次间隔 7～10 天。严重缺镁的土壤每亩用 5～10kg 硫酸镁，于秋季或冬季混入基肥中施入土壤。

七、缺锌

症状：樱桃缺锌时，叶片主脉间呈白色或灰白色，叶窄，呈莲座状。

防治方法：叶面喷施 0.2%～0.3% 硫酸锌加等量石灰滤液，2～3 次，也可土壤施用适量含锌肥料。

八、缺锰

症状：樱桃缺锰时，叶片主脉间有淡绿色区，近主脉处仍为暗绿色。缺锌和缺锰可在同一叶片上发现。

防治方法：叶面喷施 0.1% 硫酸锰和含锰的微量元素水溶肥料，连续喷施 2～3 次。

九、缺铁

症状：樱桃缺铁时，幼龄樱桃树的叶脉间组织失绿变为亮黄色，而叶脉仍维持绿色，枝条上部的叶片首先失绿，逐渐向下扩展直至基部老叶，严重缺铁植株叶片边缘组织坏死。

防治方法：施用有机肥、改善园地排水系统，以提高土壤中铁元素的有效性。叶片喷施 0.1%～0.2% 硫酸亚铁或其他的含铁微量元素水溶肥料 2～3 次可有效缓解其症状。

第六节　板栗树缺素症及防治方法

一、缺氮

症状：板栗缺氮时，叶面积变小，叶色变黄，新梢生长量小，树势衰弱。

防治方法：结合基肥，施用尿素等含氮肥料。生长期缺氮时，可追施氮肥或叶面喷施 0.5% 的尿素溶液 2～3 次。

二、缺钾

症状：板栗缺钾时，叶面有黄褐色坏死斑，边缘焦枯上卷，焦枯边缘和斑块易脱落，脱落后叶面呈穿孔状。果实长不大，着色差，影响果实的商品价值。

防治方法：增施钾肥或叶面喷施 0.3%～0.5% 的硝酸钾，每隔 15 天喷一次，连续喷施 2～3 次。

三、缺钙

症状：板栗缺钙时，症状表现在幼叶上，叶片黄化，边缘出现黄褐色斑。影响果树的光合作用，导致果树根系和果实发育不良。

防治方法：叶面喷施 0.4%～0.5% 氯化钙溶液 2～3 次，或在根部施用生石灰。

四、缺镁

症状：板栗缺镁时，枝条出现坏死斑点，纤细且弯曲；老叶失绿黄化，造成果实发育不良，长不大，着色较差。

防治方法：叶面喷施 1%～2% 氧化镁或 1% 硫酸镁水溶液 2～3 次。

五、缺锰

症状：板栗缺锰时，幼叶的叶脉为深绿色，呈网纹状。叶脉间呈黄绿色或淡绿色，并出现坏死斑块，斑块脱落，叶片形成穿孔。

防治方法：枝干涂抹 1% 硫酸锰溶液，可促进新梢和新叶的生长。也可喷施 0.3%～0.5% 硫酸锰溶液 2～3 次。

六、缺硼

症状：板栗缺硼时，明显特征是枝梢枯萎，呈扫帚状。影响花器和果实的发育，造成板栗空苞，根系发育不良。

防治方法：基施硼肥，结合施基肥施入硼砂等硼肥，施用量按树冠大小计算，每平方米施硼砂 10～20g，施在树冠外围须根分布最多的区域，板栗施硼一定要适量，施用过多会造成硼中毒，一般基肥 1～2 年施 1 次。喷施硼肥，在花前和盛花期喷施 0.2%～0.3% 硼砂溶液、0.3% 磷酸二氢钾 2～3 次，可有效防止板栗空苞的发生。

第七节 杏树缺素症及防治方法

一、缺氮

症状：杏树缺氮时，生长势弱，叶片小而薄；叶色淡，呈淡绿或黄绿色，新梢短而细。

防治方法：根部基施或追施尿素等氮肥；叶面喷施 0.3%～0.5% 尿素溶液 2～3 次。

二、缺磷

症状：杏树缺磷时，引起生长停滞、枝条纤细、叶片变小。

防治方法：增施磷肥，因土壤碱性和钙质高造成的缺磷，需施入硫酸铵使土壤酸化，以提高土壤中磷的有效成分。生长期缺磷时，可在展叶期叶面喷施 0.2%～0.3% 磷酸二氢钾溶液或 0.5%～1% 的过磷酸钙溶液 2～3 次。

三、缺钾

症状：杏树缺钾症又称焦边病。先从枝条中部叶开始出现症状，常先叶尖及两侧叶缘焦枯并向上卷曲，叶片呈楔形，焦枯部分易脱落，边缘清晰。

防治方法：基施或及时追施硫酸钾、草木灰等钾肥。喷施 0.3%～0.5% 的磷酸二氢钾水溶液 2～3 次，每隔 10～15 天喷 1 次。

四、缺硼

症状：杏树缺硼时，上部小枝顶端枯死，叶片呈匙形，叶脉弯曲，叶尖坏死，叶片变窄，小而脆，叶柄和叶脉易折断，脉间失绿黄化。花芽分化不良，受精不正常，落花落果严重，果肉木栓化，果实畸形（俗称"缩果病"），果面呈现干斑，病果味苦，品质变差。

防治方法：每株大树基施 150～200g 硼砂，能有效防止杏树缺硼，施后应立即灌水，以防产生药害。生长期缺硼时，可喷施 0.5% 的硼砂溶液 2～3 次。

五、缺钙

症状：杏树缺钙时，影响氮的代谢和营养物质的运输，不利于铵态氮吸收。缺钙根系受害最重，新根短粗、弯曲，尖端不久便褐变枯死，叶片较小，严重时枝条枯死和花朵萎缩。缺钙时还会降低花果器官的抗寒力，使其更易遭受晚霜危害。

防治方法：叶面喷钙，在氮较多的果园，应喷氯化钙。喷施氯化钙或硝酸钙易造成药害，安全浓度为 0.5%，对易发病树一般喷 4~5 次。

六、缺锰

症状：杏树缺锰时，叶片上叶缘和叶脉间轻微缺绿，渐向主脉扩展，后呈黄色。

防治方法：缺锰的土壤可增施有机肥，促进杏树对锰的吸收。生长期发现杏树缺锰时，可喷施 0.3%~0.5% 硫酸锰溶液，一周喷 1 次，连续喷 2~3 次。

七、缺铁

症状：杏树缺铁时，导致叶绿素的形成受阻，幼叶失绿，叶肉呈黄绿色，叶脉仍为绿色，所以缺铁症又叫黄叶病。严重时叶小而薄，叶肉呈黄白色至乳白色，随病情加重叶脉也失绿成黄色，叶片出现棕褐色的枯斑或枯边，逐渐枯死脱落，甚至发生枯梢现象。

防治方法：尽量少施碱性肥料，防止土壤呈碱性，注意土壤水分管理，防止土壤过干、过湿。生长期缺铁时，可用 0.5% 的硫酸亚铁水溶液叶面喷施 2~3 次。

八、缺锌

症状：杏树缺锌时，枝条下部叶片常有斑纹或黄化部分，新梢顶部叶片狭小或枝条纤细，节间短，小叶密集丛生，质厚而脆，是缺锌的典型症状，即所谓的"小叶病"。严重时从新梢基部向上逐渐脱落，果实小、畸形。多年连续缺锌，会导致树体衰弱，花芽分化不良。

防治方法：不要过量施用磷肥，阻碍锌的吸收。生长期缺锌时，可用 0.2% 硫酸锌加 0.3% 尿素，再加 0.2% 石灰混合喷施 2~3 次。

第八节　枣树缺素症及防治方法

一、缺镁

症状：枣树缺镁时，老叶叶脉间出现黄化现象，而后逐渐扩大至全叶，叶脉保持绿色，缺镁严重时老叶枯黄脱落。

防治方法：增施有机肥，增加土壤肥力，对于严重缺镁的果园每亩施用硫酸镁 15～30kg。在生长期间发现枣树缺镁时，可喷施 0.5%～1.0% 的硫酸镁溶液 2～3 次，每隔 7～10 天喷 1 次。

二、缺硼

症状：枣树缺硼时，枝梢顶端停止生长，幼叶畸形，末期顶梢萎凋，顶叶叶脉黄化脱落。果实顶端果肉木栓化，褐变，形成空腔，致使果肉硬化，风味变劣。

防治方法：始花期至落果停止期，叶面喷施 0.2%～0.3% 硼酸加 0.3% 生石灰液，每隔 2～3 周喷施 1 次，共 4～5 次。果实采后，每株土施 20g 硼砂，严重缺硼的地区可适当多施，并增施有机肥。

第九节　山楂树缺素症及防治方法

一、缺氮

症状：山楂缺氮时，主要表现为叶片生长不旺盛，下位叶片黄化。

防治方法：增施有机肥和尿素等速溶氮肥；生长期缺氮时，可喷施 0.2%～0.5% 尿素溶液 2～3 次。

二、缺铁

症状：山楂缺铁时，主要表现为新叶黄白化，严重缺铁时新叶黄白化，并停止生长。

防治方法：可在根系分布层挖放射状沟，施入硫酸铁、硫酸亚铁、柠檬酸铁，并注意果园管理，尽量少用碱性肥料，防止土壤呈碱性，重视土壤水分管理，防止土壤过干、过湿。生长期缺铁时，可用 0.1%～0.5% 的硫酸亚铁水溶液叶面喷施 2～3 次。

第五章

测土配方施肥技术信息化

自 2005 年开始，农业部在全国范围内组织了声势浩大的测土配方施肥行动，先后投入数十亿资金，技术普及到 2 498 个项目县（场、单位），推广面积 11.5 亿亩，为 1.6 亿农户提供技术服务。受到广大农民热烈欢迎。取得了巨大的经济和社会效益。

测土配方施肥工作尽管收到了明显的效果，但目前仍然存在不少问题，真正能够实现在作物全生育过程测土化验、配方施肥的农户所占比例仍然不高，许多地区技术推广仍然停留在试验示范层面。农民不科学施肥的现象还很严重。产生这些问题的主要原因与我国的国情有很大的关系。首先我国农业生产主要组织形式是家庭联产承包责任制，单位生产规模小，种植意向、生产条件、技术水平差异性大，测土代表性和配方的指导性有局限性。其次从事农业生产的劳动力年龄偏大，文化科技素质低，接受能力差，向这些人宣传测土配方施肥困难很大。第三基层技术推广力量薄弱。推广体系不健全，推广人员数量不足。以北京为例，虽然北京属于人才聚集区，但区县一级的专职土肥技术推广人员多的不过 6~7 人，少的只有 3~4 人，而乡镇一级基本没有相关技术人员，无法对农民进行更深入、更详细地指导。

解决这些问题根本途径涉及经济、社会、人口、体制等多方面因素，不可能一蹴而就。土肥技术部门只有立足现有条件，做好两方面工作，才能推动测土配方施肥技术推广继续顺利进行。一是更新完善技术推广手段，使之更适应当前工作环境。二是物化技术开发普及，让农民应用技术更方便。提高农民群众应用技术的主动性与自觉性。要想做好这两方面的工作，提高信息化水平，完善信息服务是关键。从国外的经验来看，农业信息化建设一般经历 3 个阶段：第一阶段是广播、电话通讯阶段。科技信息通过电话和声像广播在农村的普及，传递给农业生产者，起到促进农业科技进步的作用。第二阶段是计算机处理数据和农业数据库开发阶段。电子计算机的商业化应用促进了农业数据库和计算机网络等方面的建设，从而使数据库作为最重要的信息资源，服务于农业生产。第三阶段是网络自动控制技术的开发及应用阶段。计算机网络应用逐步推到农场层面，计算机网络应用在农场管理与生产控制为农业带来了高质量、高效率和高效益。近年来我国在农业信息化建设取得巨大进步，但大都局限于国家和科研层面，直接服务于农户和基层推广单位的信息化建设只相当于发达国家第二阶段水平，有的地区甚至刚达到发达国家第一阶段水平。技术信息发布还要大量依赖平面媒体，推广手段局限于科技赶集、集中培训、展板宣传等形式，受众面虽广，但深度不够且时效性不强，农民无法及时获得针对性的指导。与其他部门信息联动也不够，利用现代化信息手段推动工作开展机制还未形成，因此，加快信息化建设是当前推动测土配方施肥的重要任务。

第一节　测土配方施肥信息化的意义

一、测土配方施肥信息化建设是发展都市农业的客观要求

近年来都市型现代农业的快速发展，新型作物，新型肥料和新的栽培模式不断出现，技术需求档次大幅提高，对农业产业集成度，技术更新速度、生态友好标准要求越来越高，尤其是食用农产品安全已成为一个重要的民生问题，受到全社会关注。肥料包括有机肥和化肥作为农业生产主要投入品，起着源头控制的作用，它的安全性以及对环境影响的重要性不言而喻。因此，实现测土配方施肥信息化管理，提高工作效率，对耕地质量监测、面源污染防控预警，作物养分运筹，科学指导农民科学施肥具有十分重要意义。

二、测土配方施肥信息化建设是土肥部门基础设施建设重要组成部分

现代社会对信息技术依赖程度越来越高，互联网技术已广泛的应用于社会各个方面。与传统的方式相比，互联网具备受众面广，时间限制少，信息传播速度快的优点。农户应用网络，能轻松获得技术服务与技术咨询，实现点对点的服务，大幅提高技术推广效率。因此现代农业基础设施不但包括农田保护设施、农村路网水利、交通物流等硬件设施，还包括农业信息服务设施。土肥行业作为长期性、基础型、宏观性的部门更应该积极推动信息技术在推广中的应用，建立信息管理和传输平台，提升信息化水平。可以讲信息化建设是土肥部门的一项重要功能性建设。

三、测土配方施肥信息化建设有利于加强各方面联系，形成新的推广机制

过去以技术人员为主体的推广模式已经不能适应快速发展形势，需要调动各部门力量，整合社会的人才资源、技术资源和市场资源，建立一套适合测土配方施肥技术推广的长效机制，最终使测土配方施肥成为农民自觉自愿接受的先进技术。在测土配方施肥行动开展的几年中，土肥部门探索加强与农资部门的协作，初步建立联动机制，取得良好的效果。但就总体而言，有针对性的配方肥还不多，农民购肥还存在盲目性，市场上假冒伪劣肥料还较多。因此，有必要加强农技部门与农资部门，农技部门与农民之间的信息沟通，加强信息纽带作用，形成联动机制，解决"最后一公里"问题。

四、测土配方施肥信息化建设是未来土肥工作的保证

虽然我国目前农业产业化水平还比较低，农村劳动力总体素质较差，旧有的工作模式在一定范围内还需要存在。但随着我国现代化发展，农村合作组织大量出现，产业集中度有所提高，而且随着农村人口老龄化加剧，老一代劳动力将逐步退出劳动力市场，土地通过流转趋于集中，农业产业升级是必然趋势。推广部门要有超前意识，提早规划，更新技术手段和内容，以适应未来新型农技推广工作体制的变化，为建立长效推广机制，满足社会需要提供保证。

第二节 测土配方施肥信息化的含义及其目标任务

信息化的含义有3个方面，一是采用先进的管理理念，应用计算机网络技术去整合现有的资源，通过信息传输，加强与上游和下游（政府和农户）联系，实现信息共享。二是在这个信息传递过程中要完成信息的采集、传输、加工等过程，提高信息使用价值。三是通过为行政部门、推广单位、农户和其他社会部门提供准确而有效的数据信息，使信息更广泛地成为决策的依据和基础，提高决策水平。

信息化目标从低到高分为三级。

1. 低级目标：实现对现有工作的计算机管理

开发出运行稳定的信息管理软件，提高工作效率。着眼于及时、准确获取关键数据，为决策提供参考。基本不涉及业务流程改造和优化的

问题。

2. 中级目标：技术推广精细化管理

强化各业务单位的职能定位，加强信息互动，提高部门协调性和整体效益。通过对上下游的信息反馈来提高服务水平，不仅为市县两级技术人员提供服务而且能细化到为农户单元施肥决策提供技术支持，实现精准施肥。

3. 高级目标：提升信息系统管理职能，创新推广流程

通过信息化平台引入系统论管理理念，优化推广管理制度。实行流程化、网络化管理。信息系统不仅是管理工具，还是工作流程的中枢神经。信息化目标在于流程改造，工作较为复杂，难度比较大。

综上所述，实现测土配方施肥信息化的最终任务是提高测土配方施肥整体工作效率、提高服务水平和引导能力。高质量完成各项工作，实现推广效益最大化。

第三节 测土配方施肥信息化建设方法和步骤

测土配方施肥信息化建设是一项复杂工程，涉及认识水平、平台建设、队伍建设、技术能力、机制形成和资金配备等各方面工作，需要广泛听取各方面意见，明确建设目标，做好系统性规划设计。否则即使上马了信息化项目，运行效果也不理想。

一、解决三个前提性问题

①提高对信息化认识，一部分推广人员认为农民技术水平低，接受能力差，使用传统的推广方法完全够用。还有人认为开发一个网站，建立单位局域网就是实现信息化。以上两种认识都存在片面性，不利于信息化工作推进，需要提高这些推广人员的专业知识，让他们充分了解信息化的含义和信息化对工作的影响。提高运用信息网络的主动性。

②扩充农技人员专业知识，信息化建设涉及硬件设备、软件开发、网络传输、策划推广等非农专业知识，单凭农业部门自身无法顺利完成，需要引入其他智力资源共同参与。但作为信息化建设的开发和应用主体，农业推广人员还要认真学习了解相关技术知识、努力提高操作水平，能够保证信息化日常工作顺利进行。

③组建专业管理团队，长期以来农技推广技术队伍建设都是以农业技术为核心，没有专业从事信息化建设和推广人员，如果决心进行信息

化改造,就要组建专职队伍,解决信息化工作的人员瓶颈问题。团队的人员要同时具备信息专业和农业专业两方面的知识。

二、信息化建设具体步骤

1. 进行详细的需求调研

第一步是进行详细的需求调研:需求调研是整个信息化建设的源头,直接决定了整个信息化成功与否。要在信息化建设之初,各业务科室要进行详细的调研论证、分析需求、明确目标,细心听取专家意见,提高决策的科学性和民主性,以免在目标模糊的情况下匆忙上马,导致工作不能顺利进行。

调研内容主要有:

工作需求调研:主要是政府对测土配方施肥工作要求;本地区土肥工作现有问题;农民的实际需求;现有工作流程的目标效果等工作需求方面进行调研,确定信息化建设重点、难点和开发顺序,此项工作也是各项调研工作中最重要的。

硬件设备调研:主要硬件设备投入情况,重点是网络服务器。目前,常用网络服务器有独立服务器、托管服务器和虚拟服务器3种方式。这3种方式的硬件种类、系统性能、安全性、接入速度、占用资金等指标区别较大,要根据目标选择合适的设备,避免造成后期维护成本增加。

技术资料搜集:搜集整理能够进入电子化的各种资料,包括各种图件、调查表、监测结果、试验数据等技术资料(如第二次土壤普查资料)以及邮编、行政代码、气象水文等辅助资料。

开发单位技术水平:系统平台的开发是信息化建设核心工作,因此要选择技术开发实力强、售后服务周到、人员相对稳定的软件开发企业进行合作,尤其是要对其数据库开发水平、网站建设能力、辅助资料获取能力以及软件版权等细节要进行详细调研。

2. 开发信息化平台

第二步是开发信息化平台:开发测土配方施肥信息化平台要根据调研结果,按照全面、快捷、科学、直观、简单原则设计,突出专业形象,得到使用者认同。这是信息化最重要步骤,信息化核心和基础,其他工作基本都是围绕系统开发和运行展开的。

(1) 系统开发的三要素

系统平台的建设通常需要确定3个方面内容:目的、服务对象和提

供服务内容。测土配方施肥信息系统的三要素一般是如下内容:

目的:通过对测土配方施肥数据的收集整理和深入发掘,采用先进的网络信息传递技术,实现信息快速处理和传递,高一级的建设目的还要达到优化推广流程,提高土肥技术服务质量的目的。

服务对象:为政府决策提供依据、为推广单位提供工具,高级的系统平台还应为农民和农资提供相关技术服务和市场信息。

服务内容:建立测土配方施肥数据档案、动态监测信息分析、施肥指标体系,农民施肥动态,定期施肥预测等。

(2) 系统平台开发规划与执行

土肥部门要与软件开发商共同制定技术解决方案。内容包括:编程语言、系统结构、系统功能、组网方案、投资预测、实施方案等内容。系统采用模块化的开发,即将系统可分解为若干独立模块,分阶段进行,最后进行组装。各阶段完成的任务不影响过程管理和数据流管理,每个阶段的系统都可以独立运行。开发前各业务单位、各岗位人员,共同对开发流程进行推演。对流程设计的合理性,是否存在工作重叠、冲突现象进行会商,进行充分的技术调研和交流,形成明确到各个细节实施方案。实施方案中要详细描述实施步骤和双方在实施过程中人员、资料配合、协调等具体工作(图 5-1)。

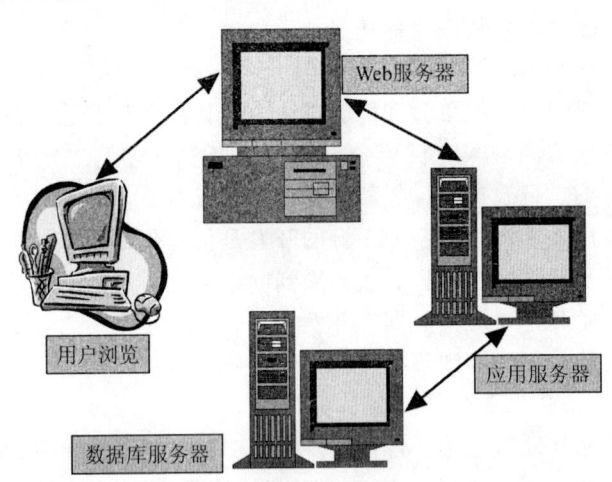

图 5-1　常见系统平台运行流程

(3) 关键技术模块开发

①基础数据库。各种数据资源统一在基础数据库保存,由数据服务器进行管理和分配,目前,数据库支持语言有 SQL Server/Oracle/Sybase/MySQL/等，可根据服务器功能选择不同语言开发。

图形数据库：土壤图、土地利用现状图、行政区划图等必要图件。

属性数据库：测土配方施肥属性数据，即农业部技术规范所规定的 7 张调查表。

知识数据库：土肥领域内理论知识、事实数据等，如肥料品种、作物品种、氮、磷风险预警标准、土壤重金属临界值等技术资料。

模型库：针对需要求解问题，采用数学表达或陈述表达形式的集合。

基础数据库要能满足按标准格式进行输入、存贮、检索、更新、显示、综合分析的需要。

②网页应用技术。指 Web 应用技术，包括 Web 浏览器、Web 服务器和 Internet 协议。在 Web 应用的中间层有一个 Web 服务器，它接受客户的请求，并把静态和动态内容组装成 Web 页面，然后递交给客户。

常用的 Web 技术有：

无交互的静态 Web 页：只用于共享信息资源，用户同服务器和浏览器之间均无交互，由 HTML 描述。

有交互的静态 Web 页：不同客户访问网页的结果相同，用户同服务器之间无交互，可以同浏览器之间有交互，用 HTML＋客户端脚本语言描述。

动态 Web 页：不同客户访问网页的结果可以不同，用户同服务器端之间交互，实现一定的应用逻辑，用 HTML＋服务器端脚本语言描述。

现有 Web 技术开发可根据使用对象的需求和理解能力选择不同的技术。

③系统网络结构。现在网络应用软件开发通常采取的结构是 B/S 结构或 C/S 结构，这两者有各自优缺点。

B/S 结构：优点是不需要安装第三方软件，只要有 Web 浏览器就可以调用系统资源处理各项任务，缺点是响应时间过长，不易扩展，安全性差。

C/S 结构：优点是处理数据能力较快，安全性好。缺点是需要安装第三方软件，要求使用者有一定操作能力。

现在普遍的做法是采用 B/S 和 C/S 混合架构，结合两者的优势，避免它的不足。系统管理员和技术人员客户端采用 C/S 模式，通过局域网实现数据处理，一般用户客户端采用 B/S 模式，通过 Internet 访问系统（图 5-2）。

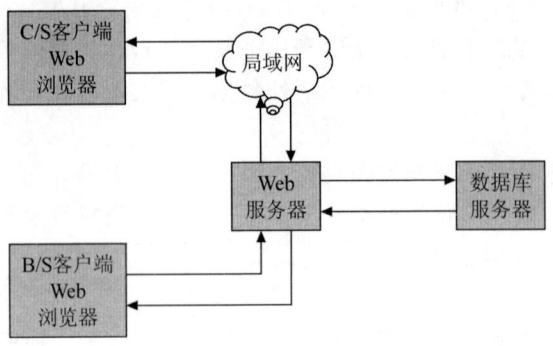

图 5-2　B/S 和 C/S 混合架构

④服务器技术。服务器根据客户机的请求处理特定的程序，并且把处理后的结果返回到客户机。服务器如何处理程序根据不同的技术和操作系统有所不同。支持动态页面生成的主要技术包括公共网关接口、服务器端脚本技术、Servlet 技术等。

⑤专家推荐施肥系统。应用田间试验结果形成的县域施肥指标体系，结合耕地质量等级、土壤养分供应状况，作物目标产量建立经济合理的施肥模型。以样点土壤养分测试结果为依据，向农民提供施肥方案。农户还通过 B/S 交互模式查询县、乡推荐施肥方案作为参考。这是系统开发的重要模块，直接服务于农户，交互界面力求简单明了，但施肥指标体系要十分严谨，具备科学性和实用性。专家推荐系统还要可移植，能够满足其他终端，如：触摸屏、手机的需要。

⑥分析工具库。开发统计分析程序，对数值数据作各种统计计算。对土壤养分、土壤肥力分区、区域配方分区以至于作物信息、土地利用现状、农民过量施肥预警等信息进行专题分析。以折线图、柱状图、饼图等形式表现。

（4）系统验收

根据工作进展适时进行阶段性验收和系统交接验收两种。阶段性验收是指系统中某项功能的验收，系统交接验收是指系统开发完毕的总体运行验收。验收的相关内容主要是体现系统建设方案中的内容，一般都在开发前制定验收标准，双方技术人员按标准验收系统，系统全部验收完毕后共同撰写验收报告。

（5）试运行及结果评估

系统正式上线前，应在小范围内进行试运行，系统进行磨合，检查系统平台能否满足需求，并对试运行结果做出评价，以决定是否全面上线。

系统运行效果的评估，主要包含以下几个方面。

①功能是否达到系统建设方案的要求，一般如果达到98%就可以认为合格；

②系统运行界面的优化，看操作的方便程度和美观性；

③系统的稳定性，能够达到7×24小时的稳定运行；

④系统的速度，对运算结果响应时间少于2秒左右；

⑤系统的可扩展性，可以根据客观需求增加功能；

试运行可以总结出系统的使用习惯是否偏离原有设计预想，如果偏离过多，说明数据模型设计不够准确，需要进行修改完善。

（6）实际上线运行

运行阶段，业务部门，要不断检视各相关系统信息反馈，来发现业务流转中的各种问题，并进行协调。使系统趋于稳定，及时发现和消除给业务流转带来麻烦。通过在用户终端设定流量统计可以对系统使用情况进行统计，了解不同信息的使用情况。主要指标包括网站访问人次、页面浏览量，文章被转载和引用量，人均浏览页面数。

（7）云计算功能拓展

云计算是是一种新兴的互联网服务模型，伴随移动互联网发展应运而生。目前没有普遍一致的定义。现在通常理解为"云"就是存在于互联网上的服务器集群上的资源，它包括硬件资源（服务器、存储器、CPU等）和软件资源（如应用软件、集成开发环境等）。用户可以通过有线或无线网络借助浏览器进行访问，共享的软硬件资源和信息。它的核心思想是将大量用网络连接的计算资源统一管理和调度，构成一个计算资源池向用户按需服务。

当今社会，PC机依然是日常办公中的核心工具——我们用PC处理文档、存储资料、连结互联网等。而在"云计算"时代，"云"会替我们做存储和计算的工作。在开通移动互联网服务的地区，我们可以用任意一种智能终端设备，如电脑、智能手机、PDA、iPOD等，快速地查询和计算所需要的资料。例如网络搜索功能就是我们最常用的云服务。我们在百度，谷歌提交搜索关键字，然后百度，谷歌的服务器通过计算搜索返回搜索结果。

云计算的好处有，首先，提供了安全可靠的数据存储中心，当数据保存在网络服务上，就由专业化的数据存储中心来帮助保存数据，用户不用再担心数据丢失、病毒入侵等麻烦。其次，云计算对用户端的设备要求低，可以轻松实现不同设备间的数据应用共享。省去购买硬件和安装各种软件的麻烦。在云计算的网络应用模式中，数据保存在"云"端，你的所有电子设备只需要连接互联网，就可以同时访问和使用同一份数据。

发展云计算将极大提高测土配方施肥的推广效率，为智能农业发展提供了无限的可能。想像一下，农民在施肥以前，用手机连入网络，就可以查询到自己耕地养分，确定施肥的种类和数量；输入想要种植的作物可以查询到专家给出的施肥方案；购买肥料时，如果对肥料质量不放心，可以用手机查询包装袋上的编号，检查肥料是否经过登记；在生产过程中遇到施肥问题，可以将现场图片上传到服务器，由专家进行远程诊断，开出药方……这些图景虽然现在还不能完全实现，但随着信息技术的发展已不再是遥不可及。

云计算必将在不远的将来展示出强大的生命力，并将从多个方面改变我们的农业生产技术方式和推广模式。有条件的地区在进行测土配方施肥信息化工作时要有前瞻性规划，做好拓展云计算服务的准备。

3. 成立信息化工作管理中心

第三步是成立信息化工作管理中心。软件开发和硬件到位完成了信息化的基础工作，为了系统更好地运行，需要成立由操作员、农艺员、管理员共同组成的专职管理团队负责系统平台日常运转。操作员负责信息整理录入实时数据更新。管理员负责系统运行安全和软硬件故障简单维护。农艺师进行信息数据管理，及时跟踪数据变化。通过信息平台互动解决用户提出的技术问题，最大限度发挥信息平台在推广中的作用。

4. 人员培训

第四步是人员培训。信息化中所采用的模式或系统都是人机统一的系统，它需要使用者要有一定的计算机基础知识，在实施硬件、网络、软件安装调试的同时，要为培养熟练操作和具有一般系统维护知识的技术力量。其中，在农技人员普及信息化知识，完成系统操作。

5. 对外宣传

第五步是对外宣传。信息化系统平台建立后最重要的工作就是宣传，使社会方方面面了解土肥，关注土肥、支持土肥。尤其是信息技术服务工作，要重点抓好。对外服务网站要突出测土配方施肥的特色，抓住关键时期（春耕、三夏、三秋）、重点事件（政策发布、活动启动）进行宣传。拿出自己网站独有技术内容让用户了解你的服务与其他农业网站的不同之处，例如，土肥工作的数据、图件、分析、指标、消息等信息内容。此外，要坚持长期新闻的投放，因为新闻推广效果有缓存性，单靠一次两次的集中展示效果并不长久，只有经常性的更新内容，长期宣传，才能达到润物无声的效果。在终端选择上，除了PC机以外，还可以根据条件逐步扩展到触摸屏、手机、LED屏、有线电视等信息终端，扩大普及面。

第四节　测土配方施肥信息化功能与应用

信息化建设归根结底是开展工作的工具，这个工具能够让我们的工作更规范，更有效率。所以，信息化建设是否成功的标志就是是否起到了工具的效果。通过系统平台，将测土配方施肥各个过程进行数据化处理，相关的过程用数据相互联结起来。工作过程管理转化为数据流管理，同时将关键数据根据指标转换为决策数据。

从宏观角度来讲信息化满足3个层面要求。

政府辅助决策：政府通过测土配方施肥系统可以进行耕地质量提升与管理、优势作物产业化开发的适宜性评价，耕地生产能力的评估与预测，化肥面源污染风险预警等多项工作的依据。并作出科学判断和决策。

土肥部门推广流程管理：运用系统研究区域养分运筹方案、制定区域配方肥方案，进行专业信息统计分析等。

农民单元科学施肥：通过网站宣传服务树立正确施肥观念，综合生产条件下的正确施肥决策和周年养分运筹。

从微观角度来说能够实现以下5个目标。

数据采集标准化：根据农业部制订统一的数据采集技术规范和本市的实际需求制定数据采集模版，进行基础数据采集和录入。数据录入前仔细审核数值量纲、上下限、长度等，相关名称的使用注意规范性，筛选剔除可疑数据；所有的应用程序设置统一的系统操作。保证了数据的标准化、规范化。

信息管理电子化：土肥工作具有周期长工作量大的特点，用传统工具记录存在信息共享和交流不及时的现象。实现信息化后，所有的数据包括单元耕地基础信息，知识库、试验参数统计分析模型库等技术成果、技术规范、监测流程、风险预警等能够电子化，进入计算机管理。电子化信息与纸质信息实现互补。

信息传输网络化：数据通过有线或无线网络传递，当数据发生更新时，采用数据同步方式及时的把更新信息送到上级数据库中汇总。大大加快信息传递速度。上级机关还能对下级单位工作进程进行检查。

决策规划专家化：系统平台集成了耕地信息和科研成果，建立施肥决策模型。用户可以根据这些信息得出专家方案，制定出本区域相应的种植安排。

技术推广虚拟化：建立虚拟的推广教室，农民通过网络与推广人员交流，拓展了推广工作的时间和空间，条件允许的情况下还可以进行远程诊断操作，使推广更具针对性和实效性。

第五节　测土配方施肥信息化管理

一、领导高度重视

进行信息化建设另一个重要问题是管理问题，需要领导者高度重视。信息化建设引起业务流程重组，必将打破原有的工作格局，涉及层次不同的利益关系，因此，在一些重大问题上，必须由土肥部门"一把手"协调解决。业务单位之间责任清晰，职能间衔接而不能重叠甚至断裂。各个节点工作要高效、顺畅。

二、做好制度建设

信息化的实施需要足够的基础支持，必须强化基础管理工作，形成良好的信息化运作机制，实现信息流有效传递，增值服务。通过建立系统日常运行管理制度、网络安全制度、人员工作绩效考核制度、信息授权发布制度等完善的配套制度。其中，最重要的是信息授权发布制度，要根据国家的相关法律法规，针对不同的信息受众群体设定相应访问权限，例如，为农民和经销商主要提供一般性技术性、知识性信息，最好不要涉及宏观结论性数据。

三、部门人员管理

根据岗位工作要求确定信息管理部门人员的责任目标，操作员岗位重点考核入库数据数量、质量，更新速度。农艺师重点考核信息应答、信息反馈。管理员重点考核系统维护、网站宣传等方面。

第六节 北京市测土配方施肥信息化建设

市土肥站于2006年起着手进行测土配方施肥信息化建设，现在已完成数据管理和专家推荐施肥系统。实现对测土配方施肥数据的计算机管理，并在进行与区域耕地养分资源管理系统开发的融合。现将测土配方施肥信息管理与专家咨询系统做简要介绍。

系统使用的是SQL Server2000平台。利用VC++、VB、CJHJ等工具进行开发，采用广域网分布式关系数据库结构。其优点是每个区县可作为节点数据库，都能通过虚拟管道实现数据定向传输。加快录入速度，提高工作效率。数据传输采用加密及认证措施，可利用公网传递，具有较高的安全性。共入库数据10.12万份。随着工作深入强化统计分析模块、专家推荐模块功能。

一、基础数据库

基础数据库主要包括4个方面的内容，一是田间试验和示范数据；二是施肥调查数据；三是土壤检测数据；四是数据录入质量管理。

1. 田间试验和示范数据

田间试验数据主要内容包括试验地基本情况、试验地土壤及植株测试结果、试验气象因素、前季作物施肥情况、主要农事活动和生产管理信息、试验结果数据等，是获得各种作物最佳施肥数量、施肥品种、施肥比例、施肥时期、施肥方法的根本途径，也是筛选、验证土壤养分测试方法、建立施肥指标体系的基本环节。

通过田间示范，能综合比较肥料投入、作物产量、经济效益、肥料利用率等指标，为测土配方施肥技术参数的进一步校正及进一步优化肥料配方提供依据。示范设置常规施肥对照区和测土配方施肥区两个处理，另外加设一个不施肥的空白处理。

2. 调查数据

施肥调查包括采样地块基本情况调查、采样点农户调查。

采样点基本情况调查包括采样点地理位置、自然条件、生产条件、土壤情况、来年种植意向、采样单位信息等。

采样点农户调查包括施肥相关情况、推荐施肥情况、实际施肥总体情况、实际施肥明细等。

3. 土壤测试数据

土壤测试是掌握耕地养分状况和耕地基础地力信息，进行农业生产和耕地养分管理的重要手段。通过对土壤中的物质组成、结构、性质、状态和含量进行定量测定，从而获取具有时间、空间代表性的耕地养分信息与测试结果，为指导测土配方施肥，进行耕地质量管理，促进农业的可持续发展提供技术支撑。

4. 数据录入质量管理

（1）建立基础数据采集模板

统一制定的数据采集模板，主要包括：采样地块基本情况调查数据采集模板、农户施肥情况数据采集模板、田间试验结果汇总数据采集模板、田间示范结果汇总数据采集模板、农户测土配方施肥准确度的评价统计数据采集模板等。

（2）规范数据的存储格式和交换模式

设计标准的属性数据库和空间数据库库结构，建立关系数据库平台（选择 MS SQL Server）的地方单位，数据存放在关系数据库中。

（3）建立统一的数据安全保障机制

为防止数据被损坏，建立数据安全保障机制：一是对数据进行存储和传输加密处理；二是通过数据存取控制，对数据存入、取出的方式和权限进行控制；三是采用数据库自动备份技术，定期备份数据，建立数据副本，各地还要定期把数据刻录成光盘再存放在安全的地方或进行异地备份。

二、施肥决策专家系统

通过土壤养分含量测定，综合考虑目标产量，生育时期，作物吸收率等因素区域范围内提供施肥建议。

1. 查询功能

①基础信息查询 查询市、区县、乡镇、村级采样地块总量、田块基本信息、土壤养分检测结果、年度种植意向、参与农户数量、农户肥料施用概况等，了解项目进度，完成情况（图 5-3）。

②试验示范查询 查询田间试验、示范安排的数量，作物及地域的分布，试验结果。

③信息反馈 推荐配方后，农民应用配方施肥的意向和节本增效情况。

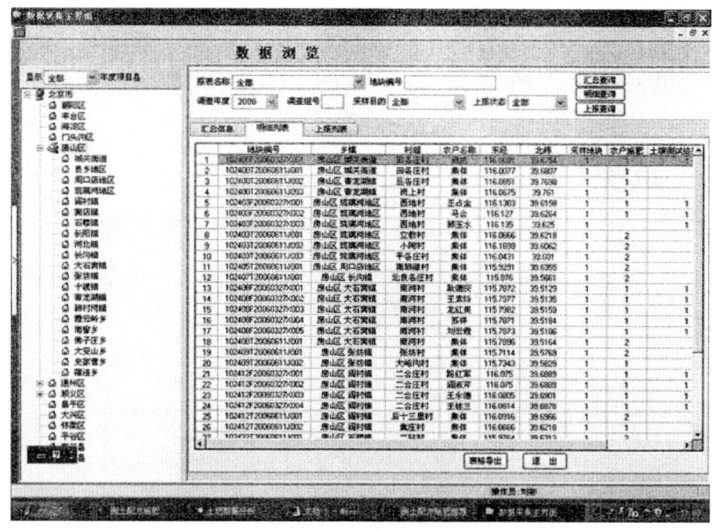

图 5-3　乡镇数据明细列表查询

2. 数据统计分析

①对全市的土壤测试数据进行统计分析，了解全市耕地平均养分状况以及高中低养分水平的比例。

②对作物种植类别进行统计分析，了解不同作物种类耕地平均养分状况和养分分级状况。

③以耕地地力等级为单元统计分析调查数据，了解各耕地地力等级内土壤类型分布状况、地貌类型分布状况、障碍因素分布状况等。

④比较年度调查的数据、国家及市的养分分级标准，了解本区域耕地养分变化动态和肥力水平。

⑤将粮田、蔬菜田、果园等不同种植类别的数据统计分析，发现施肥管理中存在的问题。

3. 网上施肥推荐

在该系统中，市土肥站根据多年的试验示范结果与北京市作物栽培特点，确定通过以下手段可实现网上施肥推荐（图 5-4）。

（1）肥料效应函数法

根据"3414"方案田间试验结果，建立当地主要作物的肥料效应函数，直接获得某区域、某种作物的氮、磷、钾最佳施肥量，直接推荐配方。

（2）养分平衡法

根据目标产量与土壤供肥量差值估算施肥量。计算公式为：

图 5-4　网上施肥推荐

$$施肥量 = \frac{目标产量所需养分总量 - 土壤供肥量}{肥料中养分含量 \times 肥料当季利用率}$$

养分平衡法涉及目标产量、作物需肥量、土壤供肥量、肥料利用率和肥料中有效养分含量五大参数。参数由"3414"试验结果确定，田间反馈试验提供校正系数。

(3) 配方明白卡推荐施肥

根据栽培作物，直接查询市土肥站制作的配方明白卡。明白卡包括共32种作物144张，涵盖大田、蔬菜、经作和果树等京郊主要作物，按高、中、低3种肥力水平及每种作物需肥特点、施肥关键期推荐施肥。

附录

附件 1

测土配方施肥技术规范

2008 年 3 月

1 范围

本规范规定了全国测土配方施肥工作中肥料效应田间试验、样品采集与制备、田间基本情况调查、土壤与植株测试、肥料配方设计、配方肥料合理使用、效果反馈与评价、数据汇总、报告撰写等内容、方法与操作规程及耕地地力评价方法。

本规范适用于指导全国不同区域、不同土壤和不同作物的测土配方施肥工作。

2 引用标准

本规范引用下列国家或行业标准：
GB/T 6274 肥料和土壤调理剂 术语
NY/T 496 肥料合理使用准则 通则
NY/T 497 肥料效应鉴定田间试验技术规程
NY/T 309～1996 全国耕地类型区、耕地地力等级划分
NY/T 310～1996 全国中低产田类型划分与改良技术规范
NY/T 1119—2006 土壤监测规程

3 术语和定义

下列术语和定义适用于本规范：

3.1 测土配方施肥 soil testing and formulated fertilization

测土配方施肥是以肥料田间试验、土壤测试为基础，根据作物需肥规律、土壤供肥性能和肥料效应，在合理施用有机肥料的基础上，提出氮、磷、钾及中、微量元素等肥料的施用品种、数量、施肥时期和施用方法。

3.2 配方肥料 formula fertilizer

以土壤测试、肥料田间试验为基础，根据作物需肥规律、土壤供肥

性能和肥料效应，用各种单质肥料和（或）复混肥料为原料，配制成的适合于特定区域、特定作物品种的肥料。

3.3　肥料效应 fertilizer response

肥料效应是肥料对作物产量和品质的作用效果，通常以肥料单位养分的施用量所能获得的作物增产量和效益表示。

3.4　施肥量 dose rate; dose

施于单位面积耕地或单位质量生长介质中的肥料或养分的质量或体积。

3.5　常规施肥 regular fertilizing

常规施肥也称习惯施肥，指当地前 3 年平均施肥量（主要指氮、磷、钾肥）、施肥品种和施肥方法。

3.6　空白对照 control

无肥处理，用于确定肥料效应的绝对值，评价土壤自然生产力和计算肥料利用率等。

3.7　地力 soil fertility

地力是指在当前管理水平下，由土壤本身特性、自然背景条件和农田基础设施等要素综合构成的耕地生产能力。

3.8　耕地地力评价 soil productivity assessment

耕地地力评价是指根据耕地所在地的气候、地形地貌、成土母质、土壤理化性状、农田基础设施等要素相互作用表现出来的综合特征，对农田生态环境优劣、农作物种植适宜性、耕地潜在生物生产力高低进行评价。

4　肥料效应田间试验

4.1　试验目的

肥料效应田间试验是获得各种作物最佳施肥品种、施肥比例、施肥数量、施肥时期、施肥方法的根本途径，也是筛选、验证土壤养分测试方法、建立施肥指标体系的基本环节。通过田间试验，掌握各个施肥单元不同作物优化施肥数量，基、追肥分配比例，施肥时期和施肥方法；摸清土壤养分校正系数、土壤供肥能力、不同作物养分吸收量和肥料利用率等基本参数；构建作物施肥模型，为施肥分区和肥料配方设计提供依据。

4.2　试验设计

肥料效应田间试验设计，取决于试验目的。本规范推荐采用"3414"方案设计，在具体实施过程中可根据研究目的选用"3414"完全实施方案或部分实施方案。对于蔬菜、果树等经济作物，可根据作物特点设计试验方案。

4.2.1 "3414"完全实施方案

"3414"方案设计吸收了回归最优设计处理少、效率高的优点，是目前应用较为广泛的肥料效应田间试验方案。"3414"是指氮、磷、钾3个因素、4个水平、14个处理。4个水平的含义：0水平指不施肥，2水平指当地推荐施肥量，1水平（指施肥不足）＝2水平×0.5，3水平（指过量施肥）＝2水平×1.5。为便于汇总，同一作物、同一区域内施肥量要保持一致。如果需要研究有机肥料和中、微量元素肥料效应，可在此基础上增加处理（附表1-1）。

附表1-1 "3414"试验方案处理（推荐方案）

试验编号	处理	N	P	K
1	$N_0P_0K_0$	0	0	0
2	$N_0P_2K_2$	0	2	2
3	$N_1P_2K_2$	1	2	2
4	$N_2P_0K_2$	2	0	2
5	$N_2P_1K_2$	2	1	2
6	$N_2P_2K_2$	2	2	2
7	$N_2P_3K_2$	2	3	2
8	$N_2P_2K_0$	2	2	0
9	$N_2P_2K_1$	2	2	1
10	$N_2P_2K_3$	2	2	3
11	$N_3P_2K_2$	3	2	2
12	$N_1P_1K_2$	1	1	2
13	$N_1P_2K_1$	1	2	1
14	$N_2P_1K_1$	2	1	1

该方案可应用14个处理进行氮、磷、钾三元二次效应方程拟合，还可分别进行氮、磷、钾中任意二元或一元效应方程拟合。

例如，进行氮、磷二元效应方程拟合时，可选用处理2、7、11、12，求得在以K_2水平为基础的氮、磷二元二次效应方程；选用处理2、3、6、11可求得在P_2K_2水平为基础的氮肥效应方程；选用处理4、5、6、7可求得在N_2K_2水平为基础的磷肥效应方程；选用处理6、8、9、

10 可求得在 N_2P_2 水平为基础的钾肥效应方程。此外，通过处理 1，可以获得基础地力产量，即空白区产量。

其具体操作参照有关试验设计与统计技术资料。

4.2.2 "3414"部分实施方案

试验氮、磷、钾某一个或两个养分的效应或因其他原因无法实施"3414"完全实施方案，可在"3414"方案中选择相关处理，即"3414"的部分实施方案。这样既保持了测土配方施肥田间试验总体设计的完整性，又考虑到不同区域土壤养分特点和不同试验目的要求，满足不同层次的需要。如有些区域重点要试验氮、磷效果，可在 K_2 做肥底的基础上进行氮、磷二元肥料效应试验，但应设置 3 次重复。具体处理及其与"3414"方案处理编号对应见附表 1-2。

附表 1-2　氮、磷二元二次肥料试验设计与"3414"方案处理编号对应表

处理编号	"3414"方案处理编号	处理	N	P	K
1	1	$N_0P_0K_0$	0	0	0
2	2	$N_0P_2K_2$	0	2	2
3	3	$N_1P_2K_2$	1	2	2
4	4	$N_2P_0K_2$	2	0	2
5	5	$N_2P_1K_2$	2	1	2
6	6	$N_2P_2K_2$	2	2	2
7	7	$N_2P_3K_2$	2	3	2
8	11	$N_3P_2K_2$	3	2	2
9	12	$N_1P_1K_2$	1	1	2

上述方案也可分别建立氮、磷一元效应方程。

在肥料试验中，为了取得土壤养分供应量、作物吸收养分量、土壤养分丰缺指标等参数，一般把试验设计为 5 个处理：空白对照（CK）、无氮区（PK）、无磷区（NK）、无钾区（NP）和氮、磷、钾区（NPK）。这 5 个处理分别是"3414"完全实施方案中的处理 1、2、4、8 和 6。如要获得有机肥料的效应，可增加有机肥处理区（M）；试验某种中（微）量元素的效应，在 NPK 基础上，进行加与不加该中（微）量元素处理得比较。试验要求测试土壤养分和植株养分含量，进行考种和计产。试验设计中，氮、磷、钾、有机肥等用量应接近肥料效应函数

计算的最高产量施肥量或用其他方法推荐的合理用量（附表 1-3）。

附表 1-3　常规 5 处理试验设计与 "3414" 方案处理编号对应表

	"3414"方案处理编号	处理	N	P	K
无肥区	1	$N_0P_0K_0$	0	0	0
无氮区	2	$N_0P_2K_2$	0	2	2
无磷区	4	$N_2P_0K_2$	2	0	2
无钾区	8	$N_2P_2K_0$	2	2	0
氮磷钾区	6	$N_2P_2K_2$	2	2	2

4.3　试验实施

4.3.1　试验地选择

试验地应选择平坦、整齐、肥力均匀，具有代表性的不同肥力水平的地块；坡地应选择坡度平缓、肥力差异较小的田块；试验地应避开道路、堆肥场所等特殊地块。

4.3.2　试验作物品种选择

田间试验应选择当地主栽作物品种或拟推广品种。

4.3.3　试验准备

整地、设置保护行、试验地区划；小区应单灌单排，避免串灌串排；试验前采集土壤样品；依测试项目不同，分别制备新鲜或风干土样。

4.3.4　试验重复与小区排列

为保证试验精度，减少人为因素、土壤肥力和气候因素的影响，田间试验一般设 3～4 个重复（或区组）。采用随机区组排列，区组内土壤、地形等条件应相对一致，区组间允许有差异。同一生长季、同一作物、同类试验在 10 个以上时可采用多点无重复设计。

小区面积：大田作物和露地蔬菜作物小区面积一般为 20～50m²，密植作物可小些，中耕作物可大些；设施蔬菜作物一般为 20～30m²，至少 5 行以上。小区宽度：密植作物不小于 3m，中耕作物不小于 4m。多年生果树类选择土壤肥力差异小的地块和树龄相同、株形和产量相对一致的成年果树进行试验，每个处理不少于 4 株，以树冠投影区计算小区面积。

4.3.5　试验记载与测试

参照肥料效应鉴定田间试验技术规程（NY/T 497—2002）执行，试验前采集基础土样进行测定，收获期采集植株样品，进行考种和生物与经济产量测定。必要时进行植株分析，每个县每种作物应按高、中、低肥力分别各取不少于1组3414试验中1、2、4、8、6处理的植株样品；有条件的地区，采集3414试验中所有处理的植株样品。

测土配方施肥田间试验结果汇总表见附表1-6。

4.4 试验统计分析

常规试验和回归试验的统计分析方法参见肥料效应鉴定田间试验技术规程（NY/T 497—2002）或其他专业书籍，相关统计程序可在中国肥料信息网（http：//www.natesc.gov.cn/sfb/TfgjHgfx.htm）下载或应用。

5 样品采集与制备

采样人员要具有一定采样经验，熟悉采样方法和要求，了解采样区域农业生产情况。采样前，要收集采样区域土壤图、土地利用现状图、行政区划图等资料，绘制样点分布图，制订采样工作计划。准备GPS、采样工具、采样袋（布袋、纸袋或塑料网袋）、采样标签等。

5.1 土壤样品采集

土壤样品采集应具有代表性和可比性，并根据不同分析项目采取相应的采样和处理方法。

5.1.1 采样规划

采样点的确定应在全县范围内统筹规划。在采样前，综合土壤图、土地利用现状图和行政区划图，并参考第二次土壤普查采样点位图确定采样点位，形成采样点位图。实际采样时严禁随意变更采样点，若有变更须注明理由。其中，用于耕地地力评价的土样样品采样点在全县范围内布设，采样数量应为总采样数量的10%~15%，但不得少于400个，并在第一年全部完成耕地地力评价的土壤采样工作。

5.1.2 采样单元

根据土壤类型、土地利用、耕作制度、产量水平等因素，将采样区域划分为若干个采样单元，每个采样单元的土壤性状要尽可能均匀一致。

平均每个采样单元为100~200亩（平原区、大田作物每100~500亩采一个样，丘陵区、大田园艺作物每30~80亩采一个样，温室大棚作物每30~40个棚室或20~40亩采一个样）。为便于田间示范跟踪和施肥分区，采样集中在位于每个采样单元相对中心位置的典型地块（同一农户的地块），采样地块面积为1~10亩。有条件的地区，可以农户地块为土壤采样单元。采用GPS定位，记录经纬度，精确到0.1″。

5.1.3 采样时间

在作物收获后或播种施肥前采集，一般在秋后。设施蔬菜在晾棚期采集。果园在果品采摘后的第一次施肥前采集，幼树及未挂果果园，应在清园扩穴施肥前采集。进行氮肥追肥推荐时，应在追肥前或作物生长的关键时期采集。

5.1.4 采样周期

同一采样单元，无机氮及植株氮营养快速诊断每季或每年采集 1 次；土壤有效磷、速效钾等一般 2~3 年采集 1 次；中、微量元素一般 3~5 年采集 1 次。

5.1.5 采样深度

大田采样深度为 0~20cm，果园采样深度一般为 0~20cm、20~40cm 两层分别采集。用于土壤无机氮含量测定的采样深度应根据不同作物、不同生育期的主要根系分布深度来确定。

5.1.6 采样点数量

要保证足够的采样点，使之能代表采样单元的土壤特性。采样必须多点混合，每个样品取 15~20 个样点。

5.1.7 采样路线

采样时应沿着一定的线路，按照"随机"、"等量"和"多点混合"的原则进行采样。一般采用"S"形布点采样。在地形变化小、地力较均匀、采样单元面积较小的情况下，也可采用"梅花"形布点取样。要避开路边、田埂、沟边、肥堆等特殊部位。蔬菜地混合样点的样品采集要根据沟、垄面积的比例确定沟、垄采样点数量。果园采样要以树干为圆点向外延伸到树冠边缘的 2/3 处采集，每株对角采 2 点。

5.1.8 采样方法

每个采样点的取土深度及采样量应均匀一致，土样上层与下层的比例要相同。取样器应垂直于地面入土，深度相同。用取土铲取样应先铲出一个耕层断面，再平行于断面取土。所有样品都应采用不锈钢取土器采样。

5.1.9 样品量

混合土样以取土 1kg 左右为宜（用于推荐施肥的 0.5kg，用于田间试验和耕地地力评价的 2kg 以上，长期保存备用），可用四分法将多余的土壤弃去。方法是将采集的土壤样品放在盘子里或塑料布上，弄碎、混匀，铺成正方形，画对角线将土样分成四份，把对角的两份分别合并成一份，保留一份，弃去一份。如果所得的样品依然很多，可再用四分法处理，直至所需数量为止。

5.1.10 样品标记

采集的样品放入统一的样品袋，用铅笔写好标签，内外各一张。采样标签样式见附表1-7。

5.2 土壤样品制备

5.2.1 新鲜样品

某些土壤成分如二价铁、硝态氮、铵态氮等在风干过程中会发生显著变化，必须用新鲜样品进行分析。为了能真实反映土壤在田间自然状态下的某些理化性状，新鲜样品要及时送回室内进行处理分析，用粗玻璃棒或塑料棒将样品混匀后迅速称样测定。

新鲜样品一般不宜贮存，如需要暂时贮存，可将新鲜样品装入塑料袋，扎紧袋口，放在冰箱冷藏室或进行速冻保存。

5.2.2 风干样品

从野外采回的土壤样品要及时放在样品盘上，摊成薄薄一层，置于干净整洁的室内通风处自然风干，严禁暴晒，并注意防止酸、碱等气体及灰尘的污染。风干过程中要经常翻动土样并将大土块捏碎以加速干燥，同时，剔除侵入体。

风干后的土样按照不同的分析要求研磨过筛，充分混匀后，装入样品瓶中备用。瓶内外各放标签一张，写明编号、采样地点、土壤名称、采样深度、样品粒径、采样日期、采样人及制样时间、制样人等项目。制备好的样品要妥善贮存，避免日晒、高温、潮湿和酸碱等气体的污染。全部分析工作结束，分析数据核实无误后，试样一般还要保存3~12个月，以备查询。"3414"试验等有价值、需要长期保存的样品，须保存于广口瓶中，用蜡封好瓶口。

5.2.2.1 一般化学分析试样

将风干后的样品平铺在制样板上，用木棍或塑料棍碾压，并将植物残体、石块等侵入体和新生体剔除干净。细小已断的植物须根，可采用静电吸附的方法清除。压碎的土样用2mm孔径筛过筛，未通过的土粒重新碾压，直至全部样品通过2mm孔径筛为止。通过2mm孔径筛的土样可供pH、盐分、交换性能及有效养分等项目的测定。

将通过2mm孔径筛的土样用四分法取出一部分继续碾磨，使之全部通过0.25mm孔径筛，供有机质、全氮、碳酸钙等项目的测定。

5.2.2.2 微量元素分析试样

用于微量元素分析的土样，其处理方法同一般化学分析样品，但在采样、风干、研磨、过筛、运输、贮存等环节，不要接触容易造成样品污染的铁、铜等金属器具。采样、制样推荐使用不锈钢、木、竹或塑料工具，过筛使用尼龙网筛等。通过2mm孔径尼龙筛的样品可用于测定土壤有效态微量元素。

5.2.2.3　颗粒分析试样

将风干土样反复碾碎，用2mm孔径筛过筛。留在筛上的碎石称量后保存，同时，将过筛的土壤称重，计算石砾质量百分数。将通过2mm孔径筛的土样混匀后盛于广口瓶内，用于颗粒分析及其他物理性状测定。

若风干土样中有铁锰结核、石灰结核或半风化体，不能用木棍碾碎，应首先将其细心拣出称量保存，然后再进行碾碎。

5.3　植物样品的采集与制备

5.3.1　采样要求

植物样品分析的可靠性受样品数量、采集方法及植株部位影响，因此，采样应具有：

——代表性：采集样品能符合群体情况，采样量一般为1kg。

——典型性：采样的部位能反映所要了解的情况。

——适时性：根据研究目的，在不同生长发育阶段，定期采样。

——粮食作物一般在成熟后收获前采集籽实部分及秸秆；发生偶然污染事故时，在田间完整地采集整株植株样品；水果及其他植株样品根据研究目的确定采样要求。

5.3.2　样品采集

5.3.2.1　粮食作物

由于粮食作物生长的不均一性，一般采用多点取样，避开田边2m，按"梅花"形（适用于采样单元面积小的情况）或"S"形采样法采样。在采样区内采取10个样点的样品组成一个混合样。采样量根据检测项目而定，籽实样品一般1kg左右，装入纸袋或布袋。要采集完整植株样品可以稍多些，约2kg，用塑料纸包扎好。

5.3.2.2　棉花样品

棉花样品包括茎秆、空桃壳、叶片、籽棉等部分。样株选择和采样方法参照粮食作物。按样区采集籽棉，第一次采摘后将籽棉放在通透性较好的网袋中晾干（或晒干），以后每次收获时均装入网袋中，各次采摘结束后，将同一取样袋中的籽棉作为该采样区籽棉混合样。

5.3.2.3　油菜样品

油菜样品包括籽粒、角壳、茎秆、叶片等部分。样株选择和采样方法参照粮食作物。鉴于油菜在开花后期开始落叶，至收获期植株上叶片基本全部掉落，叶片的取样应在开花后期，每区采样点不应少于10个（每点至少1株），采集油菜植株全部叶片。

5.3.2.4 水果样品

平坦果园采样时，可采用对角线法布点采样，由采样区的一角向另一角引一对角线，在此线上等距离布设采样点，采样点多少根据采样区域面积、地形及检测目的确定。山地果园应按不同海拔高度均匀布点，采样点一般不应少于10个。对于树型较大的果树，采样时应在果树的上、中、下、内、外部及果实着生方位（东南西北）均匀采摘果实。将各点采摘的果品进行充分混合，按四分法缩分，根据检验项目要求，最后分取所需份数，每份1kg左右，分别装入袋内，粘贴标签，扎紧袋口。水果样品采摘时要注意树龄、长势、载果数量等。

5.3.2.5 蔬菜样品

蔬菜品种繁多，可大致分成叶菜、根菜、瓜果三类，按需要确定采样对象。

菜地采样可按对角线或"S"形法布点，采样点不应少于10个，采样量根据样本个体大小确定，一般每个点的采样量不少于1kg。从多个点采集的蔬菜样，按四分法进行缩分，其中个体大的样本，如大白菜等可采用纵向对称切成4份或8份，取其2份的方法进行缩分，最后分取3份，每份约1kg，分别装入塑料袋，粘贴标签，扎紧袋口。

如需用鲜样进行测定，采样时最好连根带土一起挖出，用湿布或塑料袋装，防止萎蔫。采集根部样品时，在抖落泥土或洗净泥土过程中应尽量保持根系的完整。

市场采样可参照市场水果取样方法进行。

5.3.3 标签内容

包括采样序号、采样地点、样品名称、采样人、采集时间和样品处理号等。

5.3.4 采样点调查内容

包括作物品种、土壤名称（或当地俗称）、成土母质、地形地势、耕作制度、前茬作物及产量、化肥农药施用情况、灌溉水源、采样点地理位置简图。果树要记载树龄、长势、载果数量等。

5.3.5 植株样品处理与保存

粮食籽实样品应及时晒干脱粒，充分混匀后用四分法缩分至所需量。需要洗涤时，注意时间不宜过长并及时风干。为了防止样品变质、虫咬，需要定期进行风干处理。使用不污染样品的工具将籽实粉碎，用0.5mm筛子过筛制成待测样品。带壳类粮食如稻谷应去壳制成糙米，再进行粉碎过筛。测定重金属元素含量时，不要使用能造成污染的器械。

完整的植株样品先洗干净，根据作物生物学特性差异，采用能反映特征的植株部位，用不污染待测元素的工具剪碎样品，充分混匀用四分法缩减至所需的量，制成鲜样或于60℃烘箱中烘干后粉碎备用。

田间（或市场）所采集的新鲜水果、蔬菜、烟叶和茶叶样品若不能马上进行分析测定，应暂时放入冰箱保存。

6 土壤与植物测试（附表1-4）

6.1 土壤测试

6.1.1 土壤质地
国际制；指测法或比重计法（粒度分布仪法）测定。

6.1.2 土壤容重
环刀法测定。

6.1.3 土壤水分

6.1.3.1 土壤含水量
烘干法测定。

6.1.3.2 土壤田间持水量
环刀法测定。

6.1.4 土壤酸碱度和石灰需要量

6.1.4.1 土壤pH
土液比1:2.5，电位法测定。

6.1.4.2 土壤交换酸
氯化钾交换——中和滴定法测定。

6.1.4.3 石灰需要量
氯化钙交换——中和滴定法测定。

6.1.5 土壤阳离子交换量
EDTA-乙酸铵盐交换法测定。

6.1.6 土壤水溶性盐分

6.1.6.1 土壤水溶性盐分总量
电导率法或重量法测定。

6.1.6.2 碳酸根和重碳酸根
电位滴定法或双指示剂中和法测定。

6.1.6.3 氯离子
硝酸银滴定法测定。

6.1.6.4 硫酸根离子

硫酸钡比浊法或 EDTA 间接滴定法测定。

6.1.6.5 钙、镁离子

原子吸收分光光度计法测定。

6.1.6.6 钾、钠离子

火焰光度法或原子吸收分光光度计法测定。

6.1.7 土壤氧化还原电位

电位法测定。

6.1.8 土壤有机质

油浴加热重铬酸钾氧化滴定法测定。

6.1.9 土壤氮

6.1.9.1 土壤全氮

凯氏蒸馏法测定。

6.1.9.2 土壤水解性氮

碱解扩散法测定。

6.1.9.3 土壤铵态氮

氯化钾浸提——靛酚蓝比色法测定。

6.1.9.4 土壤硝态氮

氯化钙浸提——紫外分光光度计法或酚二磺酸比色法测定。

6.1.10 土壤有效磷

碳酸氢钠或氟化铵-盐酸浸提——钼锑抗比色法测定。

6.1.11 土壤钾

6.1.11.1 土壤缓效钾

硝酸提取——火焰光度计、原子吸收分光光度计法或 ICP 法测定。

6.1.11.2 土壤速效钾

乙酸铵浸提——火焰光度计、原子吸收分光光度计法或 ICP 法测定。

6.1.12 土壤交换性钙镁

乙酸铵交换——原子吸收分光光度计法或 ICP 法测定。

6.1.13 土壤有效硫

磷酸盐-乙酸或氯化钙浸提——硫酸钡比浊法测定。

6.1.14 土壤有效硅

柠檬酸或乙酸缓冲液浸提-硅钼蓝比色法测定。

6.1.15 土壤有效铜、锌、铁、锰

DTPA 浸提-原子吸收分光光度计法或 ICP 法测定。

6.1.16 土壤有效硼

沸水浸提——甲亚胺-H 比色法或姜黄素比色法或 ICP 法测定。

6.1.17 土壤有效钼

草酸-草酸铵浸提——极谱法测定。

附表 1-4 测土配方施肥和耕地地力评价样品测试项目汇总表

	测试项目	测土配方施肥	耕地地力评价
1	土壤质地指测法	必测	
2	土壤质地，比重计法	选测	
3	土壤容重	选测	
4	土壤含水量	选测	
5	土壤田间持水量	选测	
6	土壤 pH	必测	必测
7	土壤交换酸	选测	
8	石灰需要量	pH<6 的样品必测	
9	土壤阳离子交换量	选测	
10	土壤水溶性盐分	选测	
11	土壤氧化还原电位	选测	
12	土壤有机质	必测	必测
13	土壤全氮	选测	必测
14	土壤水解性氮	至少测试 1 项	
15	土壤铵态氮		
16	土壤硝态氮		
17	土壤有效磷	必测	必测
18	土壤缓效钾	必测	必测
19	土壤速效钾	必测	必测
20	土壤交换性钙镁	pH<6.5 的样品必测	
21	土壤有效硫	必测	
22	土壤有效硅	选测	
23	土壤有效铁、锰、铜、锌、硼	必测	
24	土壤有效钼	选测，豆科作物产区必测	

注：用于耕地地力评价的土壤样品，除以上养分指标必测外，项目县如果选择其他养分指标作为评价因子，也应当进行分析测试

6.2 植物测试
6.2.1 全氮、全磷、全钾
硫酸—过氧化氢消煮，或水杨酸—锌粉还原，硫酸—加速剂消煮，全氮采用蒸馏滴定法测定；全磷采用钒钼黄或钼锑抗比色法测定；全钾采用火焰光度法或原子吸收分光光度计法测定。

6.2.2 水分
常压恒温干燥法或减压干燥法测定。

6.2.3 粗灰分
干灰化法测定。

6.2.4 全钙、全镁
干灰化—稀盐酸溶解法或硝酸—高氯酸消煮，原子吸收分光光度计法或ICP法测定。

6.2.5 全硫
硝酸-高氯酸消煮法或硝酸镁灰化法，硫酸钡比浊法或ICP法测定。

6.2.6 全硼、全钼
干灰化—稀盐酸溶解，硼采用姜黄素或甲亚胺比色法测定，钼采用石墨炉原子吸收法或极谱法测定。

6.2.7 全量铜、锌、铁、锰
干灰化或湿灰化，原子吸收分光光度计法或ICP法测定。

6.3 土壤、植株营养诊断（选测项目）
6.3.1 土壤硝态氮田间快速诊断
水浸提，硝酸盐反射仪法测定。

6.3.2 冬小麦/夏玉米植株氮营养田间诊断
小麦茎基部、夏玉米最新展开叶叶脉中部榨汁，硝酸盐反射仪法测定。

6.3.3 水稻氮营养快速诊断
叶绿素仪或叶色卡法测定。

7 田间基本情况调查
7.1 调查内容
在土壤取样的同时，调查田间基本情况，填写测土配方施肥采样地块基本情况调查表，见附表1-8。同时，开展农户施肥情况调查，填写农户施肥情况调查表，见附表1-12；参见附件1—11.2.1.2。

7.2 调查对象
调查对象是采样点所属村组人员和地块所属农户。

8 基础数据库的建立

8.1 数据库建立标准

8.1.1 属性数据采集标准

按照测土配方施肥数据字典建立属性数据的采集标准。采集标准包含对每个指标完整的命名、格式、类型、取值区间等定义。在建立属性数据库时要按数据字典要求，制订统一的基础数据编码规则，进行属性数据录入。

8.1.2 空间数据采集标准

县级地图采用 1∶50 000 地形图为空间数学框架基础。

投影方式：高斯—克吕格投影，6 度分带。

坐标系及椭球参数：西安 80/克拉索夫斯基。

高程系统：1980 年国家高程基准。

野外调查 GPS 定位数据：初始数据采用经纬度，统一采用 GW84 坐标系，并在调查表格中记载；装入 GIS 系统与图件匹配时，再投影转换为上述直角坐标系坐标。

8.2 数据库建立方法

8.2.1 属性数据库建立

属性数据库的内容包括田间试验示范数据、土壤与植物测试数据、田间基本情况及农户调查数据等。属性数据库的建立应独立于空间数据，按照数据字典要求在 SQL 或 ACCESS 等数据库中建立。

8.2.2 空间数据库建立

空间数据库的内容包括土壤图、土地利用现状图、行政区划图、采样点位图等。应用 GIS 软件，采用数字化仪或扫描后屏幕数字化的方式录入。图件比例尺为 1∶50 000。

8.2.3 施肥指导单元属性数据获取

可由土壤图、土地利用现状图和行政区划图叠加求交生成施肥指导单元图。在指导单元图内统计采样点，如果一个单元内有一个采样点，则该单元的数值就用该点的数值，如果一个单元内有多个采样点，则该单元的数值可采用多个采样点的平均值（数值型取平均值，文本型取大样本值，下同）；如果某一单元内没有采样点，则该单元的值可用与该单元相邻同土种的单元的值代替；如果没有同土种单元相邻，或相邻同土种单元也没有数据则可用与之相邻的所有单元（有数据）的平均值代替。

8.3 数据库的质量控制
8.3.1 属性数据质量控制

数据录入前应仔细审核,数值型资料应注意量纲、上下限,地名应注意汉字多音字、繁简体、简全称等问题,审核定稿后再录入。为保证数据录入准确无误,录入后还应逐条检查。

8.3.2 图件数据质量控制

扫描影像能够区分图中各要素,若有线条不清晰现象,需重新扫描。

扫描影像数据经过角度纠正,纠正后的图幅下方两个内图廓点的连线与水平线的角度误差不超过 0.2°。

公里网格线交叉点为图形纠正控制点,每幅图应选取不少于 20 个控制点,纠正后控制点的点位绝对误差不超过 0.2mm(图面值)。

矢量化:要求图内各要素的采集无错漏现象,图层分类和命名符合统一的规范,各要素的采集与扫描数据相吻合,线划(点位)整体或部分偏移的距离不超过 0.3mm(图面值)。

所有数据层具有严格的拓扑结构。面状图形数据中没有碎片多边形。图形数据及属性数据的输入正确。

8.3.3 图件输出质量要求

图须覆盖整个辖区,不得丢漏。

图中要素必有项目包括评价单元图斑、各评价要素图斑和调查点位数据、线状地物、注记。要素的颜色、图案、线型等表示符合规范要求。

图外要素必有项目包括图名、图例、坐标系及高程系说明、成图比例尺、制图单位全称、制图时间等。

8.3.4 面积数据要求

耕地面积数据以当地政府公布的数据(土地详查面积)为控制面积。

8.3.5 统一的系统操作和数据管理

设置统一的系统操作和数据管理,各级用户通过规范的操作,来实现数据的采集、分析、利用和传输等功能。

9 肥料配方设计
9.1 基于田块的肥料配方设计

基于田块的肥料配方设计首先确定氮、磷、钾养分的用量,然后确定相应的肥料组合,通过提供配方肥料或发放配肥通知单,指导农民使用。肥料用量的确定方法主要包括土壤与植物测试推荐施肥方法、肥料效应函数法、土壤养分丰缺指标法和养分平衡法。

9.1.1 土壤与植物测试推荐施肥方法

该技术综合了目标产量法、养分丰缺指标法和作物营养诊断法的优点。对于大田作物，在综合考虑有机肥、作物秸秆应用和管理措施的基础上，根据氮、磷、钾和中、微量元素养分的不同特征，采取不同的养分优化调控与管理策略。其中，氮肥推荐根据土壤供氮状况和作物需氮量，进行实时动态监测和精确调控，包括基肥和追肥的调控；磷、钾肥通过土壤测试和养分平衡进行监控；中、微量元素采用因缺补缺的矫正施肥策略。该技术包括氮素实时监控、磷钾养分恒量监控和中、微量元素养分矫正施肥技术。

9.1.1.1 氮素实时监控施肥技术

根据不同土壤、不同作物、不同目标产量确定作物需氮量，以需氮量的30%～60%作为基肥用量。具体基施比例根据土壤全氮含量，同时参照当地丰缺指标来确定。一般在全氮含量偏低时，采用需氮量的50%～60%作为基肥；在全氮含量居中时，采用需氮量的40%～50%作为基肥；在全氮含量偏高时，采用需氮量的30%～40%作为基肥。30%～60%基肥比例可根据上述方法确定，并通过"3414"田间试验进行校验，建立当地不同作物的施肥指标体系。有条件的地区可在播种前对0～20cm土壤无机氮（或硝态氮）进行监测，调节基肥用量。

$$基肥用量（kg/亩）=\frac{（目标产量需氮量－土壤无机氮）×（30\%～60\%）}{肥料中养分含量×肥料当季利用率}$$

其中，土壤无机氮（kg/亩）＝土壤无机氮测试值（mg/kg）×0.15×校正系数

氮肥追肥用量推荐以作物关键生育期的营养状况诊断或土壤硝态氮的测试为依据，这是实现氮肥准确推荐的关键环节，也是控制过量施氮或施氮不足、提高氮肥利用率和减少损失的重要措施。测试项目主要是土壤全氮含量、土壤硝态氮含量或小麦拔节期茎基部硝酸盐浓度、玉米最新展开叶叶脉中部硝酸盐浓度，水稻采用叶色卡或叶绿素仪进行叶色诊断，参见附件1中6.3。

9.1.1.2 磷钾养分恒量监控施肥技术

根据土壤有（速）效磷、钾含量水平，以土壤有（速）效磷、钾养分不成为实现目标产量的限制因子为前提，通过土壤测试和养分平衡监控，使土壤有（速）效磷、钾含量保持在一定范围内。对于磷肥，基本

思路是根据土壤有效磷测试结果和养分丰缺指标进行分级，当有效磷水平处在中等偏上时，可以将目标产量需要量（只包括带出田块的收获物）的100%~110%作为当季磷肥用量；随着有效磷含量的增加，需要减少磷肥用量，直至不施；随着有效磷的降低，需要适当增加磷肥用量，在极缺磷的土壤上，可以施到需要量的150%~200%。在2~3年后再次测土时，根据土壤有效磷和产量的变化再对磷肥用量进行调整。钾肥首先需要确定施用钾肥是否有效，再参照上面方法确定钾肥用量，但需要考虑有机肥和秸秆还田带入的钾量。一般大田作物磷、钾肥料全部做基肥。

9.1.1.3　中微量元素养分矫正施肥技术

中、微量元素养分的含量变幅大，作物对其需要量也各不相同。主要与土壤特性（尤其是母质）、作物种类和产量水平等有关。矫正施肥就是通过土壤测试，评价土壤中、微量元素养分的丰缺状况，进行有针对性的因缺补缺的施肥。

9.1.2　肥料效应函数法

根据"3414"方案田间试验结果建立当地主要作物的肥料效应函数，直接获得某一区域、某种作物的氮、磷、钾肥料的最佳施用量，为肥料配方和施肥推荐提供依据。

9.1.3　土壤养分丰缺指标法

通过土壤养分测试结果和田间肥效试验结果，建立不同作物、不同区域的土壤养分丰缺指标，提供肥料配方。

土壤养分丰缺指标田间试验也可采用"3414"部分实施方案，详见4.2.2。"3414"方案中的处理1为空白对照（CK），处理6为全肥区（NPK），处理2、4、8为缺素区（即PK、NK和NP）。收获后计算产量，用缺素区产量占全肥区产量百分数即相对产量的高低来表达土壤养分的丰缺情况。相对产量低于50%的土壤养分为极低；相对产量50%~60%（不含）为低，60%~70%（不含）为较低，70%~80%（不含）为中，80%~90%（不含）为较高，90%（含）以上为高，从而确定适用于某一区域、某种作物的土壤养分丰缺指标及对应的肥料施用数量。对该区域其他田块，通过土壤养分测试，就可以了解土壤养分的丰缺状况，提出相应的推荐施肥量。

9.1.4　养分平衡法

9.1.4.1　基本原理与计算方法

根据作物目标产量需肥量与土壤供肥量之差估算施肥量，计算公式为：

$$施肥量（kg/亩）=\frac{目标产量所需养分总量-土壤供肥量}{肥料中养分含量×肥料当季利用率}$$

养分平衡法涉及目标产量、作物需肥量、土壤供肥量、肥料利用率和肥料中有效养分含量五大参数。土壤供肥量即为"3414"方案中处理1的作物养分吸收量。目标产量确定后因土壤供肥量的确定方法不同，形成了地力差减法和土壤有效养分校正系数法两种。

地力差减法是根据作物目标产量与基础产量之差来计算施肥量的一种方法。其计算公式为：

$$施肥量（kg/亩）=\frac{（目标产量-基础产量）×单位经济产量养分吸收量}{肥料中养分含量×肥料利用率}$$

基础产量即为"3414"方案中处理1的产量。

土壤有效养分校正系数法是通过测定土壤有效养分含量来计算施肥量。其计算公式为：

施肥量（kg/亩）

$$=\frac{作物单位产量养分吸收量×目标产量-土壤测试值×0.15×土壤有效养分校正系数}{肥料中养分含量×肥料利用率}$$

9.1.4.2 有关参数的确定

——目标产量

目标产量可采用平均单产法来确定。平均单产法是利用施肥区前3年平均单产和年递增率为基础确定目标产量，其计算公式是：

$$目标产量（kg/亩）=（1+递增率）×前3年平均单产（kg/亩）$$

一般粮食作物的递增率为10%～15%，露地蔬菜为20%，设施蔬菜为30%。

——作物需肥量

通过对正常成熟的农作物全株养分的分析，测定各种作物百千克经济产量所需养分量，乘以目标常量即可获得作物需肥量。

$$作物目标产量所需养分量（kg）=\frac{目标产量（kg）}{100}×百千克产量所需养分量（kg）$$

——土壤供肥量

土壤供肥量可以通过测定基础产量、土壤有效养分校正系数两种方法估算：

通过基础产量估算（处理1产量）：不施肥区作物所吸收的养分量作为土壤供肥量。

$$土壤供肥量（kg）=\frac{不施养分区农作物产量（kg）}{100}×百千克产量所需养分量（kg）$$

通过土壤有效养分校正系数估算：将土壤有效养分测定值乘一个校正系数，以表达土壤"真实"供肥量。该系数称为土壤有效养分校正系数。

$$土壤有效养分校正系数（\%）=\frac{缺素区作物地上部分吸收该元素量（kg/亩）}{该元素土壤测定值（mg/kg）\times 0.15}$$

——肥料利用率

一般通过差减法来计算：利用施肥区作物吸收的养分量减去不施肥区农作物吸收的养分量，其差值视为肥料供应的养分量，再除以所用肥料养分量就是肥料利用率。

$$肥料利用率（\%）=\frac{施肥区农作物吸收养分量（kg/亩）-缺素区农作物吸收养分量（kg/亩）}{肥料施用量（kg/亩）\times 肥料中养分含量（\%）}\times 100$$

上述公式以计算氮肥利用率为例来进一步说明。

施肥区（NPK区）农作物吸收养分量（kg/亩）："3414"方案中处理6的作物总吸氮量；

缺氮区（PK区）农作物吸收养分量（kg/亩）："3414"方案中处理2的作物总吸氮量；

肥料施用量（kg/亩）：施用的氮肥肥料用量；

肥料中养分含量（%）：施用的氮肥肥料所标明的含氮量。

如果同时使用了不同品种的氮肥，应计算所用的不同氮肥品种的总氮量。

——肥料养分含量

供施肥料包括无机肥料与有机肥料。无机肥料、商品有机肥料含量按其标明量，不明养分含量的有机肥料养分含量可参照当地不同类型有机肥养分平均含量获得。

9.2 县域施肥分区与肥料配方设计

在GPS定位土壤采样与土壤测试的基础上，综合考虑行政区划、土壤类型、土壤质地、气象资料、种植结构、作物需肥规律等因素，借助信息技术生成区域性土壤养分空间变异图和县域施肥分区图，优化设计不同分区的肥料配方。主要工作步骤如下：

9.2.1 确定研究区域

一般以县级行政区域为施肥分区和肥料配方设计的研究单元。

9.2.2 GPS定位指导下的土壤样品采集

土壤样品采集要求使用GPS定位，采样点的空间分布应相对均匀，如每100亩采集一个土壤样品，先在土壤图上大致确定采样位置，然后在标记位置附近的一个采集地块上采集多点混合土样。

9.2.3 土壤测试与土壤养分空间数据库的建立

将土壤测试数据和空间位置建立对应关系,形成空间数据库,以便能在GIS中进行分析。

9.2.4 土壤养分分区图的制作

基于区域土壤养分分级指标,以GIS为操作平台,使用Kriging等方法进行土壤养分空间插值,制作土壤养分分区图。

9.2.5 施肥分区和肥料配方的生成

针对土壤养分的空间分布特征,结合作物养分需求规律和施肥决策系统,生成县域施肥分区图和分区肥料配方。

9.2.6 肥料配方的校验

在肥料配方区域内针对特定作物,进行肥料配方验证。

9.3 测土配方施肥建议卡

见附表1-9。

10 配方肥料合理施用

在养分需求与供应平衡的基础上,坚持有机肥料与无机肥料相结合;坚持大量元素与中量元素、微量元素相结合;坚持基肥与追肥相结合;坚持施肥与其他措施相结合。在确定肥料用量和肥料配方后,合理施肥的重点是选择肥料种类、确定施肥时期和施肥方法等。

10.1 配方肥料种类

根据土壤性状、肥料特性、作物营养特性、肥料资源等综合因素确定肥料种类,可选用单质或复混肥料自行配制配方肥料,也可直接购买配方肥料。

10.2 施肥时期

根据肥料性质和植物营养特性,适时施肥。植物生长旺盛和吸收养分的关键时期应重点施肥,有灌溉条件的地区应分期施肥。对作物不同时期的氮肥推荐量的确定,有条件区域应建立并采用实时监控技术。

10.3 施肥方法

常用的施肥方式有撒施后耕翻、条施、穴施等。应根据作物种类、栽培方式、肥料性质等选择适宜施肥方法。例如,氮肥应深施覆土,施肥后灌水量不能过大,否则造成氮素淋洗损失;水溶性磷肥应集中施用,难溶性磷肥应分层施用或与有机肥料堆沤后施用;有机肥料要经腐熟后施用,并深翻入土。

11 示范及效果评价

11.1 田间示范

11.1.1 示范方案

每县在主要作物上设 20~30 个测土配方施肥示范点,进行田间对比示范。示范设置常规施肥对照区和测土配方施肥区两个处理,另外加设一个不施肥的空白处理,其中测土配方施肥、农民常规施肥处理面积不少于 $200m^2$、空白对照(不施肥)处理不少于 $30m^2$。其他参照一般肥料试验要求。通过田间示范,综合比较肥料投入、作物产量、经济效益、肥料利用率等指标,客观评价测土配方施肥效益,为测土配方施肥技术参数的校正及进一步优化肥料配方提供依据。田间示范应包括规范的田间记录档案和示范报告,具体记录内容参见附表 1-10 测土配方施肥田间示范结果汇总表。

11.1.2 结果分析与数据汇总

对于每一个示范点,可以利用 3 个处理之间产量、肥料成本、产值等方面的比较,从增产和增收等角度进行分析,同时,也可以通过测土配方施肥产量结果与计划产量之间的比较,进行参数校验。有关增产增收的分析指标如下:

11.1.2.1 增产率

测土配方施肥产量与对照(常规施肥或不施肥处理)产量的差值相对于对照产量的百分数。

$$增产率(\%)=\frac{测土配方施肥产量-对照产量}{对照产量}\times100\%$$

11.1.2.2 增收

测土配方施肥比对照(常规施肥或不施肥处理)增加的纯收益。

增收(元/亩)=(测土配方施肥产量-对照产量)×产品单价-(测土配方施肥肥料成本-对照肥料成本)

11.2 农户调查反馈

11.2.1 农户施肥情况的调查

11.2.1.1 测土样点农户的调查与跟踪

每县选择 100~200 个有代表性的农户进行跟踪监测,调查填写《农户施肥情况调查表》,见附表 1-12。

11.2.1.2 农户施肥调查

每县选择 100 个以上有代表性的农户,开展农户施肥调查,以权重、按比例选择测土配方施肥农户、常规施肥农户及不同生产水平的农户，调查内容参见附表1-12，再作汇总分析，以县为单位完成《农户测土配方施肥准确度的评价统计表》，见附表1-11。

11.2.2 测土配方施肥的效果评价方法

11.2.2.1 测土配方施肥农户与常规施肥农户比较

从作物产量、效益、地力变化等方面进行评价。

11.2.2.2 农户测土配方施肥前后的比较

从农民实施测土配方施肥前后的产量、效益进行评价。

11.2.2.3 测土配方施肥准确度的评价

从农户和作物两方面对测土配方施肥技术准确度进行评价。

12 实验室建设与质量控制

12.1 实验室建设

12.1.1 实验室布局

实验室使用面积不小于$200m^2$，由样品处理室、样品保存室、天平室、电热室、分析室、浸提室、贮藏室、危险品贮藏室等组成。

样品干燥需要自然或强制通风，可安装远红外加热设备，但室温不宜超过40℃。样品研磨需要强制通风、除尘。

样品保存室用于存放样品和参比样，一般样品需保存3～12个月，肥料田间试验的基础土壤样品应长期保存。

贮藏室是化验室备用物品贮藏的场所，主要是备用的化学试剂和仪器设备、备件等，必须独立。

浸提室应配置空调，用于样品浸提、稀释、显色等。

分析室应配置空调，用于放置原子吸收分光光度计（强排风）、火焰光度计（强排风）、紫外－可见分光光度计、酸度计等仪器及分析操作使用，仪器应配置标准数据接口或计算机，用于数据自动采集。

危险品贮藏室最好设于大楼以外，主要存放少量易燃、易爆和剧毒危险品，必须有防渗、防爆、防盗设计。

浸提室、分析室等均需设上下水管线，配置防溅洒防护装置，如洗眼器、淋浴喷头等。

12.1.2 环境

制定具体措施，①保证检测工作不受外部环境影响；②保证检测的废液、废水等有害物质对周围环境不产生不利影响；③保证检测人员的身体健康。

12.1.3 仪器

主要包括以下仪器设备：原子吸收分光光度计、火焰光度计、紫外－可见分光光度计、凯氏定氮仪、酸度计、电导仪、超纯水器、样品粉碎机、振荡机、电热干燥箱、电子天平和计算机等。

12.1.4 人员

应配备与检测任务相适应的技术人员。

12.2 质量控制

12.2.1 实验室环境条件的控制

一般可参考以下要求：

环境温度：15～35℃；

相对湿度：20%～75%；

电源电压：220±11V，注意接地良好；

噪　　声：仪器室噪声<55dB，工作间噪声<70dB；

含 尘 量：<0.28mg/m^3；

照　　度：(200～350)lx；

振　　动：天平室、仪器室应在4级以下，振动速度<0.20mm/秒；

特殊仪器设备的使用，特殊样品试剂的存放和特殊分析项目的开展，应满足其各自规定的环境条件。

12.2.2 人力资源的控制

按照计量认证的要求，配备相应的专业技术人员，定期培训，定期考核，确保人员素质。

12.2.3 仪器设备及标准物质控制

实验室计量器具主要有仪器设备、玻璃量器、标准物质等三类。

12.2.3.1 仪器设备

应购买已获产品质量认证的专业厂家生产的产品。对检测准确性和有效性有影响的仪器设备，应制定周期校核、检定计划。属强制性检定的，应定期送法定机构检定；属非强制性检定但有检定规程的，一般也应定期送检或自检，但自检应建标并考核合格；属非强制性检定又无检定规程的或不属计量器具但对检测准确性和有效性有影响的，应定期组织自校或验证。自检和验证常用的方法应使用有证标准物质和组织实验室间比对等。

12.2.3.2 玻璃量器

应购置有《制造计量器具许可证》的产品。玻璃量器应按周期进行检定，其中与标准溶液配制、标定有关的，定期送法定机构检定，其余的由本单位具有检定员资格的人员按有关规定自检。

12.2.3.3 标准物质

应购买国务院有关业务主管部门批准、并授权生产，附有标准物质证书且在有效期内的产品。实验室的参比样品、工作标准溶液等应溯源到国家有证标准物质。

12.2.3.4 参比样制备

12.2.3.4.1 土样采集

选择有代表性的土壤类型，采集耕层土样，每类土样不低于1 000kg。样品采集要防止污染。

12.2.3.4.2 样品制备

①风干：将田间采集的土壤摊平，放在无污染的塑料薄膜上风干。剔除植物残体、砂砾石块等侵入体和新生体。干燥期间注意防尘，避免直接暴晒。②磨碎与过筛：用机械粉碎机制样，通过0.25mm孔径筛。在研磨与过筛过程中应注意样品的再次除杂。为提高样品的稳定性，有条件的地方可将过筛后的样品通过105℃烘干6小时处理。③混匀：把通过0.25mm孔径筛的土壤样品全部置于无污染的搅拌器内（如混凝土搅拌机或BB肥混合器）搅拌，直到搅拌均匀为止，搅拌时间由土样数量和搅拌器性能而定。将混匀的样品全都分装到塑料瓶中（样重约1kg），备用。④均匀性检查：当最小包装单元总量小于500瓶时，可按随机数表抽取15~25瓶（一般为20瓶），大于500瓶时，按$3\times\sqrt{n}$计算抽样数；抽取的每个包装单元再分上下两层各抽取30g样品进行测定，推荐检查测定项目为有机质、速效钾和有效铜（或锰），测定时每个项目由同一人在同一实验条件下在尽量短的时间内完成；测试结果采用单因子方差分析法判定，当测定项目均为F计算值≤F0.05临界值时，则可以认为该批样品均匀。⑤定值：按检测要求将一定量的样品分发至8个以上条件良好的实验室，同一项目用统一的方法进行测试分析，结果经整理统计后，得到平均值和标准差。检测项目包括：有机质、pH值、全氮、全磷、全钾、阳离子交换量、水解性氮、有效磷、速效钾、缓效钾、有效中、微量元素等。⑥稳定性检查：样品定值后由制备单位会同2~3个条件良好的化验室进行稳定性检查，第一个年度

内检查一次，以后每2~3个年度内检查1次，检查参比样的定值是否在方法的允许误差范围内。

12.2.4 实验室内的质量控制

12.2.4.1 标准溶液的校准

标准溶液分为元素标准溶液和标准滴定溶液两类。应严格按照国家有关标准配置、使用和保存。

12.2.4.2 空白试验

空白值的大小和分散程度，影响着方法的检测限和结果的精密度。影响空白值的主要因素：纯水质量、试剂纯度、试液配制质量、玻璃器皿的洁净度、精密仪器的灵敏度和精密度、实验室的清洁度、分析人员的操作水平和经验等等。空白试验一般平行测定的相对差值不应大于50%，同时，应通过大量的试验，逐步总结出各种空白值的合理范围。每个测试批次及重新配置药剂都要增加空白。

12.2.4.3 精密度控制

精密度一般采用平行测定的允许差来控制。通常情况下，土壤样品需作10%~30%的平行。5个样品以下的，应增加为100%的平行。

平行测试结果符合规定的允许差，最终结果以其平均值报出，如果平行测试结果超过规定的允许差，需再加测一次，取符合规定允许差的测定值报出。如果多组平行测试结果超过规定的允许差，应考虑整批重作。

12.2.4.4 准确度控制

准确度一般采用标准样品作为控制手段。通常情况下，每批样品或每50个样品加测标准样品一个，其测试结果与标准样品标准值的差值，应控制在标准偏差（S）范围内。

采用参比样品控制与标准样品控制一样，但首先要与标准样品校准或组织多个实验室进行定值。在土壤测试中，一般用标准样品控制微量分析，用参比样品控制常量分析。如果标准样品（或参比样品）测试结果超差，则应对整个测试过程进行检查，找出超差原因再重新工作。此外，加标回收试验也经常用作准确度的控制。

12.2.4.5 干扰的消除或减弱

干扰对检测质量影响极大，应注意干扰的存在并设法排除。主要方法有：

可采用物理或化学方法分离被测物质或除去干扰物质；

利用氧化还原反应，使试液中的干扰物转化为不干扰的形态；

加入络合剂掩蔽干扰离子；

采用有机溶剂的萃取及反萃取消除干扰；

采用标准加入法消除干扰；

采用其他分析方法避开干扰。

12.2.4.6　其他措施

实验室内的质量控制除上述日常工作外，还需要由质量管理人员对检测结果的准确度、重复性和复现性进行控制，对检测结果的合理性进行判断。

12.2.4.6.1　准确度控制

用标样作为密码样，每年至少考核1~2次；尽可能参加上级部门组织的实验室能力验证和考核。

12.2.4.6.2　重复性控制

按不同类别随机抽取样品，制成双样同批抽查；随机抽取已检样，编成密码跨批抽查；同（跨）批抽查的样品数量应控制在样品总数的5%左右。

12.2.4.6.3　复现性控制

室内互检：安排同一实验室不同人员进行双人比对；

室间外检：分送同一样品到不同实验室，按同一方法进行检测；

方法比对：对同一检测项目，选用具有可比性的不同方法进行比对。

12.2.4.6.4　检测结果的合理性判断

检测结果的合理性判断，是质量控制的辅助手段，其依据主要来源于有关专业知识，以土壤测试为例，其合理性判断的主要依据是：

土壤元素（养分含量）的空间分布规律，主要是不同类型、不同区域的土壤背景值和土壤养分含量范围；

土壤元素（养分含量）的垂直分布规律，主要是土壤元素（养分含量）在不同海拔高度或不同剖面层次的分布规律；

土壤元素（养分含量）与成土母质的关系；

土壤元素（养分含量）与地形地貌的关系；

土壤元素（养分含量）与利用状况的关系；

各检测项目之间的相互关系；

检测结果的合理性判断，只能作为复验或外检的依据，而不能作为最终结果的判定依据。

12.2.5　实验室间的质量控制

实验室间的质量控制是一种外部质量控制，可以发现系统误差和实验室间数据的可比性，可以评价实验室间的测试系统和分析能力，是一种有效的质量控制方法。

实验室间质量控制的主要方法为能力验证，即由主管单位统一发放质控样品，统一编号，确定分析项目、分析方法及注意事项等，各实验室按要求时间完成并报出结果，主管单位根据考核结果给出优秀、合格、不合格等能力验证结论。

13 测土配方施肥数据汇总与报告撰写

各级测土配方施肥工作承担单位提交本区域年度数据库，包括田间试验数据库、农户调查数据库、土壤采样数据库、土壤样品测试数据库、肥料配方数据库、测土配方施肥效果评价数据库等，填写测土配方施肥工作情况汇总表，见附表1-13、附表1-14、附表1-15和附表1-16。同时，撰写并提交本区域年度技术报告，主要内容包括：种植业概况（来自县统计数据）、测土情况、田间试验情况、配方推荐情况、配方校验与示范结果、农民测土配方施肥反馈结果、测土配方施肥总体效果、经验与问题、改进办法。

14 耕地地力评价

14.1 资料准备
14.1.1 图件资料（比例尺1∶50 000）

地形图（采用中国人民解放军总参谋部测绘局测绘的地形图）、第二次土壤普查成果图（最新的土壤图、土壤养分图等）、土地利用现状图、农田水利分区图、行政区划图及其他相关图件。

14.1.2 数据及文本资料

第二次土壤普查成果资料，基本农田保护区划定统计资料，近3年种植面积、粮食单产与总产、肥料使用等统计资料，历年土壤、植物测试资料。

14.2 技术准备
14.2.1 确定耕地地力评价因子

根据全国耕地地力评价因子总集，见附表1-5，结合当地实际情况，从六大方面的因子中选取本县耕地地力评价因子。选取的因子应对当地耕地地力有较大的影响，在评价区域内的变异较大，在时间序列上具有相对的稳定性，因子之间独立性较强。

附表 1-5　全国耕地地力评价因子总集

大类	因子	大类	因子
气象	≥0°积温	耕层理化性状	质地
气象	≥10°积温	耕层理化性状	容重
气象	年降水量	耕层理化性状	pH
气象	全年日照时数	耕层理化性状	CEC
气象	光能辐射总量	耕层理化性状	有机质
气象	无霜期	耕层理化性状	全氮
气象	干燥度	耕层理化性状	有效磷
立地条件	经度	耕层理化性状	速效钾
立地条件	纬度	耕层理化性状	缓效钾
立地条件	海拔	耕层理化性状	有效锌
立地条件	地貌类型	耕层理化性状	有效硼
立地条件	地形部位	耕层理化性状	有效钼
立地条件	坡度	耕层理化性状	有效铜
立地条件	坡向	耕层理化性状	有效硅
立地条件	成土母质	耕层理化性状	有效锰
立地条件	土壤侵蚀类型	耕层理化性状	有效铁
立地条件	土壤侵蚀程度	耕层理化性状	有效硫
立地条件	林地覆盖率	耕层理化性状	交换性钙
立地条件	地面破碎情况	耕层理化性状	交换性镁
立地条件	地表岩石露头状况	障碍因素	障碍层类型
立地条件	地表砾石度	障碍因素	障碍层出现位置
立地条件	田面坡度	障碍因素	障碍层厚度
剖面性状	剖面构型	障碍因素	耕层含盐量
剖面性状	质地构型	障碍因素	一米土层含盐量
剖面性状	有效土层厚度	障碍因素	盐化类型
剖面性状	耕层厚度	障碍因素	地下水矿化度
剖面性状	腐殖层厚度	土壤管理	灌溉保证率
剖面性状	田间持水量	土壤管理	灌溉模数
剖面性状	冬季地下水位	土壤管理	抗旱能力
剖面性状	潜水埋深	土壤管理	排涝能力
剖面性状	水型	土壤管理	排涝模数
		土壤管理	轮作制度
		土壤管理	梯田类型
		土壤管理	梯田熟化年限

14.2.2 确定评价单元

用土地利用现状图（比例尺为 1∶50 000）、土壤图（比例尺为 1∶50 000）叠加形成的图斑作为评价单元。评价区域内的耕地面积要与政府发布的耕地面积一致。

14.3 耕地地力评价

14.3.1 评价单元赋值

根据各评价因子的空间分布图或属性数据库，将各评价因子数据赋值给评价单元。对点位分布图，采用插值的方法将其转换为栅格图，再与评价单元图叠加，通过加权统计给评价单元赋值；对矢量分布图（如土壤质地分布图），将其直接与评价单元图叠加，通过加权统计、属性提取，给评价单元赋值；对线形图（如等高线图），使用数字高程模型，形成坡度图、坡向图等，再与评价单元图叠加，通过加权统计给评价单元赋值。

14.3.2 确定各评价因子的权重

采用特尔斐法与层次分析法相结合的方法确定各评价因子权重。

14.3.3 确定各评价因子的隶属度

对定性数据采用特尔斐法直接给出相应的隶属度；对定量数据采用特尔斐法与隶属函数法结合的方法确定各评价因子的隶属函数，将各评价因子的值代入隶属函数，计算相应的隶属度。

14.3.4 计算耕地地力综合指数

采用累加法计算每个评价单元的地力综合指数。

$$IFI = \sum (F_i \times C_i)$$

IFI —— 耕地地力综合指数（Integrated Fertility Index）；

F_i —— 第 i 个评价因子的隶属度；

C_i —— 第 i 个评价因子的组合权重。

14.3.5 地力等级划分与成果图件输出

根据地力综合指数分布，采用累积曲线法或等距离法确定分级方案，划分地力等级，绘制耕地地力等级图。

14.3.6 归入全国耕地地力等级体系

依据《全国耕地类型区、耕地地力等级划分》（NY/T 309—1996），归纳整理各级耕地地力要素主要指标，形成与粮食生产能力相对应的地力等级，并将各等级耕地归入全国耕地地力等级体系。

14.3.7 划分中低产田类型

依据《全国中低产田类型划分与改良技术规范》（NY/T 310—

1996)，分析评价单元耕地土壤主导障碍因素，划分并确定中低产田类型、面积和主要分布区域。

14.4　耕地地力评价数据汇总与报告撰写

各级耕地地力评价工作承担单位提交本区域年度数据，包括农户调查数据库、采样地基本情况调查数据库、土壤采样数据库、土壤样品测试数据库等。同时，撰写并提交本区域年度技术报告，主要内容包括：技术报告和评价成果报告。其中，评价成果报告分为耕地地力评价结果报告、耕地地力评价与改良利用报告、耕地地力评价与测土配方施肥报告、耕地地力评价与种植业布局区划报告等。

附表 1-6 测土配方施肥_____（作物名）田间试验结果汇总表

地点：____省____地市____县____（乡村农户地块名），邮编：____；东经：____度____分____秒，北纬：____度____分____秒；海拔____m

土名：____土类____亚类____土属____土种；地下水位*通常____m____最高____最低____；灌排能力____；障碍因素____；耕层厚度____cm

土体构型：____；地形部位及农田建设____；侵蚀程度____；肥力等级____；代表面积____亩；取土时期____年____月____日

土壤测试结果*

取样层次 cm	有机质 g/kg	全氮 g/kg	速效氨 mg/kg	全磷 g/kg	有效磷 mg/kg	全钾 g/kg	缓效钾 mg/kg	速效钾 mg/kg	交换量 cmol(+)/kg	碳酸钙 g/kg	pH	国际制质地	容重 g/cm³	土壤结构	有效微量元素 (mg/kg)						其他 (mg/kg)
															Fe	Mn	Cu	Zn	B	Mo	
0—																					
—																					

一、试验目的、原理和方法

二、供试作物品种、名称及特征描述（田间生长期：____年____月____日—____年____月____日）

三、田间操作、天气及灾害情况

	月，日					合计	生长季	月，日
灌溉	方/亩							
降水量 mm								
其他农事活动及灾害	活动							
	现象							

		合计	无霜期	≥10℃积温
年降水总量	生长季		℃	℃
	全年			

四、试验设计与结果

处理	序号	1	2	3	4	5	6	7	8	9	10	11	12	13	14	15	16	17	18
	代码	N_0P_0 K_0	N_0P_2 K_2	N_1P_2 K_2	N_2P_0 K_2	N_2P_1 K_2	N_2P_2 K_2	N_2P_3 K_2	N_2P_2 K_0	N_2P_2 K_1	N_2P_2 K_3	N_3P_2 K_2	N_1P_1 K_2	N_1P_2 K_1	N_2P_1 K_1				
亩产 kg	重复Ⅰ																		
	重复Ⅱ																		
	重复Ⅲ																		

注: 1. 处理序号须与方案中的编号一致 2. 本次试验是否代表常年情况:
3. 前季作物:_____ 名称:_____ 品种:_____ 产量:_____ 施肥量 (kg/亩): N:_____ P_2O_5:_____ K_2O:_____ 是否代表常年:_____
4. 试验2水平处理的施肥量 (kg/亩): N:_____ P_2O_5:_____ K_2O:_____ 其他_____ (注明元素及用量)

填报单位:_____ 邮编:_____ 电话:_____ 传真:_____ 联系人:_____ 填报时间:_____

* 土壤测试需注明具体测试方法 (测试方法参照本规范)。养分以单质表示。注意编号与附表1-8和附表1-14一致

(续表)

附表 1-7 土壤采样标签（式样）

统一编号：（和农户调查表编号一致） 邮编：

采样时间： 年 月 日 时

采样地点： 省 市 县 乡（镇）
村 地块 农户名：

地块在村的（中部、东部、南部、西部、北部、东南、西南、东北、西北）

采样深度：①0～20cm ②____cm（不是①的，在②填写）该土样由____点混合（规范要求15～20点）

经度：____度____分____秒 纬度：____度____分____秒

采样人： 联系电话：

附表 1-8　测土配方施肥采样地块基本情况调查表

统一编号：_____　调查组号：_____　采样序号：_____
采样目的：_____　采样日期：_____　上次采样日期：_____

地理位置	省（市）名称		地（市）名称		县（旗）名称	
	乡（镇）名称		村组名称		邮政编码	
	农户名称		地块名称		/	/
	地块位置		距村距离（m）		/	/
	纬度(度:分:秒)		经度(度:分:秒)		海拔高度（m）	
自然条件	地貌类型		地形部位		/	/
	地面坡度（度）		田面坡度（度）		坡向	
	通常地下水位（m）		最高地下水位（m）		最深地下水位（m）	
	常年降雨量（mm）		常年有效积温（℃）		常年无霜期（天）	
生产条件	农田基础设施		排水能力		灌溉能力	
	水源条件		输水方式		灌溉方式	
	熟制		典型种植制度		常年产量水平（kg/亩）	
土壤情况	土类		亚类		土属	
	土种		俗名		/	/
	成土母质		剖面构型		土壤质地(手测)	
	土壤结构		障碍因素		侵蚀程度	
	耕层厚度（cm）		采样深度（cm）		/	/
	田块面积（亩）		代表面积（亩）		/	/
来年种植意向	茬口	第一季	第二季	第三季	第四季	第五季
	作物名称					
	品种名称					
	目标产量					
采样调查单位	单位名称				联系人	
	地址				邮政编码	
	电话		传真		采样调查人	
	E-mail					

说明：每一取样地块一张表。与附表 1-12 联合使用，编号一致

附表 1-9 测土配方施肥建议卡

农户姓名：_____ _____省_____县（市）_____乡（镇）_____村 编号：_____
地块面积：_____亩   地块位置：_____   距村距离：_____

	测试项目	测试值	丰缺指标	养分水平评价		
				偏低	适宜	偏高
土壤测试数据	全氮（g/kg）					
	速效氮（mg/kg）					
	有效磷（mg/kg）					
	速效钾（mg/kg）					
	有机质（g/kg）					
	pH					
	有效铁（mg/kg）					
	有效锰（mg/kg）					
	有效铜（mg/kg）					
	有效锌（mg/kg）					
	有效硼（mg/kg）					
	有效钼（mg/kg）					
	交换性钙（mg/kg）					
	交换性镁（mg/kg）					
	有效硫（mg/kg）					
	有效硅（mg/kg）					

作物名称		作物品种		目标产量（kg/亩）		
		肥料配方	用量（kg/亩）	施肥时间	施肥方式	施肥方法
推荐方案一	基肥					
	追肥					
推荐方案二	基肥					
	追肥					

技术指导单位：_____ 联系方式：_____ 联系人：_____ 日期：_____

附表 1-10 测土配方施肥＿＿＿＿＿（作物名）田间试验结果汇总表

编号：＿＿＿＿＿

地点：＿＿＿省＿＿＿地市＿＿＿县＿＿＿（乡村农户地块名）；邮编：＿＿＿；东经：＿＿＿度＿＿＿分＿＿＿秒，北纬：＿＿＿度＿＿＿分＿＿＿秒；海拔＿＿＿m

土类＿＿＿亚类＿＿＿土属＿＿＿土名＿＿＿土种；地下水位*通常＿＿＿最高＿＿＿最低＿＿＿m；灌排能力＿＿＿；障碍因素＿＿＿；耕层厚度＿＿＿cm

土体构型＿＿＿；地形部位及农田建设：＿＿＿；侵蚀程度：＿＿＿；肥力等级＿＿＿；代表面积＿＿＿亩；取土时期＿＿＿年＿＿＿月＿＿＿日

土壤测试结果*

取样层次 cm	有机质 g/kg	全氮 g/kg	速效氮 mg/kg	全磷 g/kg	有效磷 mg/kg	全钾 g/kg	缓效钾 mg/kg	速效钾 mg/kg	交换量 cmol(+)/kg	碳酸钙 g/kg	pH 值	国际制质地	容重 g/cm³	土壤结构	有效微量元素 (mg/kg)						其他 (mg/kg)
															Fe	Mn	Cu	Zn	B	Mo	
0—																					
—																					

示范结果

生长日期		产量	化肥用量（kg/亩）			有机肥		有机肥养分折纯（kg/亩）			降水量 (mm)			灌溉 (m³/亩)			面积（亩）	作物品种
年月日—年月日	天数	kg/亩	N	P₂O₅	K₂O	kg/亩	品种	N	P₂O₅	K₂O	次数	总量		次数	总量			
配方施肥区																		
农民常规区																		
空白处理区																		

施肥推荐方法：＿＿＿

填报单位：＿＿＿ 联系人：＿＿＿ 邮编：＿＿＿，不正常情况及备注：＿＿＿

传真：＿＿＿ 电话：＿＿＿ 填报时间：＿＿＿

* 土壤测试需注明具体测试方法（测试方法参照本规范），养分以单质表示。注意编号与附表 1-8 一致

附表 1-11　农户测土配方施肥准确度的评价统计表

_____年_____县_____作物农户测土配方施肥执行情况对比表

配方状况	样本数	施氮量(kg/亩)		施磷量(kg/亩)		施钾量(kg/亩)		养分比例	
		平均	标准差	平均	标准差	平均	标准差	氮磷比	氮钾比
配方推荐									
实际执行									
差值（与推荐比）									

_____年_____县_____作物测土配方施肥执行效果对比表

配方状况	样本数	施肥成本(元/亩)		产量(kg/亩)		效益(元/亩)		配方施肥增加%	
		平均	标准差	平均	标准差	平均	标准差	产量	效益
配方推荐									
实际执行									
差值（与推荐比）									

附表 1-12 农户施肥情况调查表

统一编号：

施肥相关情况	生长季节		作物名称		品种名称	
	播种季节		收获日期		产量水平	
	生长期内降水次数		生长期内降水总量		灾害情况	
	生长期内灌水次数		生长期内灌水总量		/	
推荐施肥情况	是否推荐施肥指导		推荐单位名称			
	配方内容	目标产量(kg/亩)		化肥 (kg/亩)		有机肥 (kg/亩)
			大量元素	其他元素	肥料名称	
			N　P₂O₅　K₂O	养分名称　养分用量		
		推荐肥料成本(元/亩)				实物量
实际施肥总体情况	汇总	实际产量(kg/亩)		化肥 (kg/亩)		有机肥 (kg/亩)
			大量元素	其他元素	肥料名称	
			N　P₂O₅　K₂O	养分名称　养分用量		
		实际肥料成本(元/亩)				实物量
实际施肥明细	施肥明细	施肥序次	项目		施肥情况	
				第一种	第二种　第三种　第四种　第五种　第六种	
		第一次	肥料种类			
			养分含量情况(%)	大量元素　N P₂O₅ K₂O		
				其他元素　养分名称 养分含量		
			施肥时期			
			实物量(kg/亩)			

(续表)

		肥料种类					
		肥料名称					
	第二次	养分含量情况（%）	大量元素	N			
				P₂O₅			
				K₂O			
			其他元素	养分名称			
				养分含量			
		实物量（kg/亩）					
实际施肥明细		肥料种类					
		肥料名称					
	第…次	养分含量情况（%）	大量元素	N			
				P₂O₅			
				K₂O			
			其他元素	养分名称			
				养分含量			
		实物量（kg/亩）					
实际施肥明细		肥料种类					
		肥料名称					
	第六次	养分含量情况（%）	大量元素	N			
				P₂O₅			
				K₂O			
			其他元素	养分名称			
				养分含量			
		实物量（kg/亩）					
实际施肥明细							

该表说明 每一季作物一张表，请填写齐全采样前一个年度的每季作物。农户调查点必须填写完"实际施肥明细"，其他点必须填写完"实际施肥总体情况"及以上部分，与附表1-8联合使用，编号一致

附表 1-13 测土配方施肥土壤测度结果汇总表

编号_____，地点_____省_____地市_____县_____乡村_____农户_____地块名，邮编：

编号																				
取样层次	容重	土壤水分(%)		pH值	交换酸	阳离子交换量	电导率	水溶性盐分总量	水溶性阴离子 (kg⁻¹)				
		自然含水量	田间持水量						CO₃²⁻+HCO₃⁻	Cl⁻	SO₄²⁻	氧化还原电位	
cm	G/cm				cmol(+)/kg	cmol(+)/kg	S/m	g/kg				mV	
0—													
—													

	有机质	全氮	水解氮	铵态氮	硝态氮	全磷	有效磷	全钾	缓效钾	速效钾	交换性钙镁 mg/kg		中、微量元素 (mg/kg)						
											Ca	Mg	Fe	Mn	Cu	Zn	B	Mo	S	Si
	g/kg	g/kg	mg/kg	mg/kg	mg/kg	g/kg	mg/kg	g/kg	mg/kg	mg/kg										

注意：编号与附表 1-8、附表 1-12 一致

附表 1-14 测土配方施肥植物测试结果表

编号：_____，地点：_____省_____地市_____县_____乡村_____农户_____地块名
邮编：_____

区组及处理编号	全氮 %	全磷 %	全钾 %	水分 %	粗灰分 %	全钙 mgkg^{-1}	全镁 mgkg^{-1}	全硫 mgkg^{-1}	全硼 mgkg^{-1}	全钼 mgkg^{-1}	全铜 mgkg^{-1}	全锌 mgkg^{-1}	全铁 mgkg^{-1}	全锰 mgkg^{-1}

注意：编号与附表 1-6 一致

附表 1-15 _____（省、县）测土配方施肥工作汇总表

项 目			单位	分年度					
				年计划	年已落实	200	200	200	200
总播种面积			万亩						
测土配方施肥面积			万亩						
效益	增产		万 t						
	节肥		万 t						
	增收＋节支		万元						
田间试验	肥料田间效应试验	总数	个						
		3414 类	个						
		小区总数	个						
	配方校正试验	总数	个						
		小区数	个						
	示范展示	总数	个						
		小区数	个						
		面积	亩						
土壤测试	土壤样品采集数量		个						
	大量元素测试		个						
			项次						
	中、微量元素测试		个						
			项次						
其他分析化验	氮素调控		个						
			项次						
	植物分析		个						
			项次						
			个						
			项次						
配方肥推广	配方个数		个						
	总量		t						
	施用面积		万亩						
	应用农户		户						
	覆盖村		个						
其他方式	发放配肥通知单		张						
	指导施肥面积		万亩						
	应用农户		户						
	覆盖村		个						
培训情况	培训技术人员		人日						
	培训农户		户						
	培训农民		人日						

附表 1-16 测土配方施肥补贴资金项目(省、县)情况汇总表

年度 _____ 省(区) _____ 地(市) _____ 县(市) _____

1. 基本情况

项目	单位	数量	项目	单位	数量	肥料品种	用量(t)	其中自产(t)
总人口	万人		耕地面积	万亩		尿素		
农业户数	户		粮食总产量	t		碳酸氢铵		
农业人口	万人		农作物播种面积	万亩		普钙		
农业劳力	万人		粮食作物	万亩		磷酸一铵		
上年农民人均	元		水稻	万亩		磷酸二铵		
土肥技术人员	人		小麦	万亩		氯化钾		
中级以上	人		玉米	万亩		复混肥料		
化验室面积	m²		大豆	万亩		配方肥料	个	
仪器设备	台套		棉花	万亩		配肥站	万t	
价值	万元							

注:肥料用量和自产量均指实物量

2. 施肥情况

	项目	单位	水稻	小麦	玉米	大豆	棉花
常规施肥	面积	万亩					
	亩产	kg/亩					
	单价	kg/亩					
	有机肥用量	kg/亩					
	化肥总用量	kg/亩					
	氮肥	kg/亩					
	磷肥	kg/亩					
	钾肥	kg/亩					
	中、微肥	kg/亩					
测土配方施肥	面积	万亩					
	亩产	kg/亩					
	单价	kg/亩					
	有机肥用量	kg/亩					
	化肥总用量	kg/亩					
	氮肥	kg/亩					
	磷肥	kg/亩					
	钾肥	kg/亩					
	中、微肥	kg/亩					
	增产						
	节肥						
	增收+节支						

注:有机肥料用量指实物量,化肥用量指折纯量

附件 2

肥料标识　内容和要求（GB 18382—2001）

1　范围

本标准规定了肥料标志的基本原则、一般要求及标志内容等。

本标准适用于中华人民共和国境内生产、销售的肥料。

2　引用标准

下列标准所包含的条文，通过在本标准中引用而构成为本标准的条文。本标准出版时，所示版本均为有效。所有标准都会被修订，使用本标准的各方应探讨使用下列标准最新版本的可能性。

GB 190—1990 危险货物包装标志

GB 191—2000 包装储运图示标志

GB/T 14436～1993 工业产品保证文件，总则

3　定义

本标准采用下列定义：

3.1　标志 marking

用于识别肥料产品及其质量、数量、特征和使用方法所做的各种表示的统称。标志可以用文字、符号、图案以及其他说明物等表示。

3.2　标签 label

供识别肥料和了解其主要性能而附以必要资料的纸片、塑料片或者包装袋等容器的印刷部分。

3.3　包装肥料 packed fertilizer

预先包装于容器中，以备交付给客户的肥料。

3.4　容器 container

直接与肥料相接触并可按其单位量运输或贮存的密闭设备（例如袋、瓶、槽、桶）。

注：个别国家肥料超大尺寸包装的产品称为散装。

3.5　肥料 fertilizer

以提供植物养分为其主要功效的物料。

3.6 缓效肥料 slow-release fertilizer

养分所呈的化合物或物理状态，能在一段时间内缓慢释放供植物持续吸收利用的肥料。

3.7 包膜肥料 coated fertilizer

为改善肥料功效和（或）性能，在其颗粒表面涂以其他物质薄层制成的肥料。

3.8 复混肥料 compound fertilizer

氮、磷、钾3种养分中，至少有两种养分标明量的由化学方法和（或）掺混方法制成的肥料。

3.9 复合肥料 complex fertilizer

氮、磷、钾3种养分，至少有两种养分标明量的仅由化学方法制成的肥料，是复混肥料的一种。

3.10 有机-无机复混肥料 organic-inorganic compound fer-tilizer

含有一定量有机质的复混肥料。

3.11 单一肥料 straight fertilizer

氮、磷、钾3种养分中，仅具有一种养分标明量的氮肥、磷肥或钾肥的通称。

3.12 大量元素（主要养分）primary nutrient；macronutri-ent

对元素氮、磷、钾的通称。

3.13 中量元素（次要养分）secondary element；nutrient

对元素钙、镁、硫等的通称。

3.14 微量元素（微量养分）trace element；micronutrient

植物生长所必需的，但相对来说是少量的元素，例如，硼、锰、铁、锌、铜、钼或钴等。

3.15 肥料品位 fertilizer grade

以百分数表示的肥料养分含量。

3.16 配合式 formula

按 $N-P_2O_5-K_2O$（总氮-有效五氧化二磷-氧化钾）顺序，用阿拉伯数字分别表示其在复混肥料中所占百分比含量的一种方式。

注："0"表示肥料中不含该元素。

3.17 标明量 declarable content

在肥料或土壤调理剂标签或质量证明书上标明的元素（或氧化物）含量。

3.18 总养分 total primary nutrient

总氮、有效五氧化二磷和氧化钾含量之和，以质量百分数计。

4 原理

规定标志的主要内容及定出肥料包装容器上的标志尺寸、位置、文字、图形等大小，以使用户鉴别肥料并确定其特性。这些规定因所用的容器不同而异：

——装大于 25kg（或 25L）肥料的，或

——装 5~25kg（或 5~25L）肥料的，或

——装小于 5kg（或 5L）肥料的。

5 基本原则

5.1 标志所标注的所有内容，必须符合国家法律和法规的规定，并符合相应产品标准的规定。

5.2 标志所标注的所有内容，必须准确、科学、通俗易懂。

5.3 标志所标注的所有内容，不得以错误的、引起误解的欺骗性的方式描述或介绍肥料。

5.4 标志所标注的所有内容，不得以直接或间接暗示性的语言、图形、符号导致用户将肥料或肥料的某一性质与另一肥料产品混淆。

6 一般要求

标志所标注的所有内容，应清楚并持久地印刷在统一的并形成反差的基底上。

6.1 文字

标志中的文字应使用规范汉字，可以同时使用少数民族文字、汉语拼音及外文（养分名称可以用化学元素符号或分子式表示），汉语拼音和外文字体应小于相应汉字和少数民族文字。

应使用法定计量单位。

6.2 图示

应符合 GB 190 和 GB 191 的规定。

6.3 颜色

使用的颜色应醒目、突出、易使用户特别注意并能迅速识别。

6.4 耐久性和可用性

直接印在包装上，应保证在产品的可预计寿命期内的耐久性，并保持清晰可见。

6.5 标志的形式

分为外包装标志、合格证、质量证明书、说明书及标签等。

7 标志内容

7.1 肥料名称及商标

7.1.1 应标明国家标准、行业标准已经规定的肥料名称。对商品名称或者特殊用途的肥料名称,可在产品名称下以小1号字体(见10.1.3)予以标注。

7.1.2 国家标准、行业标准对产品名称没有规定的,应使用不会引起用户、消费者误解和混淆的常用名称。

7.1.3 产品名称不允许添加带有不实、夸大性质的词语,如"高效××"、"××肥王"、"全元素××肥料"等。

7.1.4 企业可以标注经注册登记的商标。

7.2 肥料规格、等级和净含量

7.2.1 肥料产品标准中已规定规格、等级、类别的,应标明相应的规格、等级、类别。若仅标明养分含量,则视为产品质量全项技术指标符合养分含量所对应的产品等级要求。

7.2.2 肥料产品单件包装上应标明净含量。净含量标注应符合《定量包装商品计量监督规定》的要求。

7.3 养分含量

应以单一数值标明养分的含量。

7.3.1 单一肥料

7.3.1.1 应标明单一养分的百分含量。

7.3.1.2 若加入中量元素、微量元素,可标明中量元素、微量元素(以元素单质计,下同),应按中量元素、微量元素两种类型分别标明各单养分含量及各自相应的总含量,不得将中量元素、微量元素含量与主要养分相加。微量元素含量低于0.02%或(和)中量元素含量低于2%的不得标明。

7.3.2 复混肥料(复合肥料)

7.3.2.1 应标明 N、P_2O_5、K_2O 总养分的百分含量,总养分标明值应不低于配合式中单养分标明值之和,不得将其他元素或化合物计入总养分。

7.3.2.2 应以配合式分别标明总氮、有效五氧化二磷、氧化钾的百分含量,如氮、磷、钾复混肥料15、15、15。二元肥料应在不含单养分的位置标以"0",如氮、钾复混肥料15、0、10。

7.3.2.3 若加入中量元素、微量元素,不在包装容器和质量证明书上标明(有国家标准或行业标准规定的除外)。

7.3.3 中量元素肥料

7.3.3.1 应分别单独标明各中量元素养分含量及中量元素养分含量之

和。含量小于2%的单一中量元素不得标明。

7.3.3.2 若加入微量元素，可标明微量元素，应分别标明各微量元素的含量及总含量，不得将微量元素含量与中量元素相加。其他要求同7.3.1.2。

7.3.4 微量元素肥料

应分别标出各种微量元素的单一含量及微量元素养分含量之和。

7.3.5 其他肥料

参照7.3.1和7.3.2执行。

7.4 其他添加含量

7.4.1 若加入其他添加物，可标明其他添加物，应分别标明各添加物的含量及总含量，不得将添加物含量与主要养分相加。

7.4.2 产品标准中规定需要限制并标明的物质或元素等应单独标明。

7.5 生产许可证编号

对国家实施生产许可证管理的产品，应标明生产许可证的编号。

7.6 生产者或经销者的名称、地址应标明经依法登记注册并能承担产品质量责任的生产者或经销者名称、地址。

7.7 生产日期或批号

应在产品合格证、质量证明书或产品外包装上标明肥料产品的生产日期或批号。

7.8 肥料标准

7.8.1 应标明肥料产品所执行的标准编号。

7.8.2 有国家或行业标准的肥料产品，如标明标准中未有规定的其他元素或添加物，应制定企业标准，该企业标准应包括所添加元素或添加物的分析方法，并应同时标明国家标准（或行业标准）和企业标准。

7.9 警示说明

运输、贮存、使用过程中不当，易造成财产损坏或危害人体健康和安全的，应有警示说明。

7.10 其他

7.10.1 法律、法规和规章另有要求的，应符合其规定。

7.10.2 生产企业认为必要的，符合国家法律、法规要求的其他标志。

8 标签

8.1 粘贴标签及其他相应标签

如果容器的尺寸及形状允许，标签的标志区最小应为120mm×70mm，最小文字高度至少为3mm，其余应符合本标准第10章的规定。

8.2 系挂标签

系挂标签的标志区最小应为 120mm×70mm，最小文字高度至少为 3mm，其余应符合本标准第十章的规定。

9 质量证明书或合格证

应符合 GB/T 14436 的规定。

10 标志印刷

10.1 装大于 25kg（或 25L）肥料的容器

10.1.1 标志区位置及区面积

一块矩形区间，其总面积至少为所选用面的 40%，该选用面应为容器的主要面之一，标志内容应打印在该面积内。区间的各边应与容器的各边相平行。

区内所有标志，均应水平方向按汉字顺序印刷，不得垂直或斜向印刷标志内容。

10.1.2 主要项目标志尺寸

根据打印标志区的面积（附件 2 中 10.1.1），应采用 3 种标志尺寸，以使标志标注内容能清楚地布置排列，这 3 种尺寸应为 X/Y/Z 比例，它仅能在如附表 2-1 所示范围内变化，最小字体的高度至少应为 10mm。

附表 2-1　三种标志尺寸比例

最小字体尺寸 mm	尺寸比例小（X）/中（Y）/大（Z）	
	最小比例	最大比例
≤20	1/2/4	1/3/9
>20	1/1.5/3	1/2.5/7

10.1.3 标志区内主要项目和文字尺寸

标志标注内容应用印刷文字，标志项目的尺寸应符合附表 2-2 要求。

10.2 装 5~25kg（或 5~25L）肥料的容器

最小文字高度至少为 5mm，其余应符合本标准 10.1 条的规定。

10.3 装 5kg（或 5L）以下肥料容器

如容器尺寸及形状允许，标志区最小尺寸应为 12mm×70mm，最小文字高度至少为 3mm，其余应符合本标准 10.1 条的规定。

该标准非等效采用 ISO 7409：1984。与 ISO 7409：1984 相比，本标准增加了相关的术语定义，同时，根据国家的有关法律、法规和规章，增加了相应的标志内容和要求。ISO（国际标准化组织）是一个世界性的国家标准团体（ISO 成员团体）的联合机构。国际标准的制定工作通常通过 ISO 各技术委员会进行。每个成员团体均有机会加入，与 ISO 有联系的各政府的或非政府的国际组织也可参加。经技术委员会采纳的国际标准草案，在由 ISO 理事会批准为国际标准之前，要先发给各成员团体通过。ISO 7409 国际标准是由 ISO/TC 134 肥料和土壤调理剂技术委员会制定的，并于 1981 年发给各成员单位。此标准已由下列国家的成员单位通过：奥地利、意大利、罗马尼亚、捷克斯洛伐克、肯尼亚、南非、埃及、朝鲜、斯里兰卡、西德、墨西哥、英国、匈牙利、荷兰、美国、伊拉克、挪威、苏联、以色列、波兰、葡萄牙。

国家标准 GB 18382—2001 将从 2002 年 1 月 1 日起实施。

附表 2-2 标志区内要项目和文字尺寸

序号	标志标注主要内容		文字		
			小（X）	中（Y）	大（Z）
1	肥料名称及商标				·
2	规格、等级及类别			·	
3	组成	作为主要标志内容的养分或总养分		·	
		配合式（单养分标明值）	·	·	
		产品标准规定应单独标明的项目，如氯含量、枸溶性磷等	·	·	
		作为附加标志的元素、养分或其他添加物	·		
4	产品标准编号		·	·	
5	生产许可证号（适用于实施生产许可证管理的肥料）		·	·	
6	净含量			·	
7	生产或经销单位名称			·	
8	生产或经销单位地址		·	·	
9	其他		·		

注：进口肥料可不标注表中第 4、5 项，但应标明原产国或地区（指香港、澳门、台湾）

附件 3

肥料登记管理办法

2000年6月12日经农业部常务会议通过 2000年6月23日中华人民共和国农业部令第32号发布施行，2004年7月1日农业部令38号修订。

第一章　总　则

第一条　为了加强肥料管理，保护生态环境，保障人畜安全，促进农业生产，根据《中华人民共和国农业法》等法律法规，制定本办法。

第二条　在中华人民共和国境内生产、经营、使用和宣传肥料产品，应当遵守本办法。

第三条　本办法所称肥料，是指用于提供、保持或改善植物营养和土壤物理、化学性能以及生物活性，能提高农产品产量，或改善农产品品质，或增强植物抗逆性的有机、无机、微生物及其混合物料。

第四条　国家鼓励研制、生产和使用安全、高效、经济的肥料产品。

第五条　实行肥料产品登记管理制度，未经登记的肥料产品不得进口、生产、销售和使用，不得进行广告宣传。

第六条　肥料登记分为临时登记和正式登记两个阶段：

（一）临时登记：经田间试验后，需要进行田间示范试验、试销的肥料产品，生产者应当申请临时登记。

（二）正式登记：经田间示范试验、试销可以作为正式商品流通的肥料产品，生产者应当申请正式登记。

第七条　农业部负责全国肥料登记和监督管理工作。

省、自治区、直辖市人民政府农业行政主管部门协助农业部做好本行政区域内的肥料登记工作。

县级以上地方人民政府农业行政主管部门负责本行政区域内的肥料监督管理工作。

第二章　登记申请

第八条　凡经工商注册，具有独立法人资格的肥料生产者均可提出肥料登记申请。

第九条　农业部制定并发布《肥料登记资料要求》。

肥料生产者申请肥料登记，应按照《肥料登记资料要求》提供产品化学、肥效、安全性、标签等方面资料和有代表性的肥料样品。

第十条　农业部负责办理肥料登记受理手续，并审查登记申请资料是否齐全。

境内生产者申请肥料临时登记，其申请登记资料应经其所在地省级农业行政主管部门初审后，向农业部提出申请。

第十一条　生产者申请肥料临时登记前，须在中国境内进行规范的田间试验。

生产者申请肥料正式登记前，须在中国境内进行规范的田间示范试验。

对有国家标准或行业标准，或肥料登记评审委员会建议经农业部认定的产品类型，可相应减免田间试验和/或田间示范试验。

第十二条　境内生产者生产的除微生物肥料以外的肥料产品田间试验，由省级以上农业行政主管部门认定的试验单位承担，并出具试验报告；微生物肥料、国外以及港、澳、台地区生产者生产的肥料产品田间试验，由农业部认定的试验单位承担，并出具试验报告。

肥料产品田间示范试验，由农业部认定的试验单位承担，并出具试验报告。

省级以上农业行政主管部门在认定试验单位时，应坚持公正的原则，综合考虑农业技术推广、科研、教学试验单位。

经认定的试验单位应接受省级以上农业行政主管部门的监督管理。试验单位对所出具的试验报告的真实性承担法律责任。

第十三条　有下列情形的肥料产品，登记申请不予受理：

（一）没有生产国使用证明（登记注册）的国外产品；

（二）不符合国家产业政策的产品；

（三）知识产权有争议的产品；

（四）不符合国家有关安全、卫生、环保等国家或行业标准要求的产品。

第十四条　对经农田长期使用，有国家或行业标准的下列产品免予登记：

硫酸铵，尿素，硝酸铵，氰氨化钙，磷酸铵（磷酸一铵、二铵），硝酸磷肥，过磷酸钙，氯化钾，硫酸钾，硝酸钾，氯化铵，碳酸氢铵，钙镁磷肥，磷酸二氢钾，单一微量元素肥，高浓度复合肥。

第三章　登记审批

第十五条　农业部负责全国肥料的登记审批、登记证发放和公告工作。

第十六条　农业部聘请技术专家和管理专家组织成立肥料登记评审委员会，负责对申请登记肥料产品的产品化学、肥效和安全性等资料进行综合评审。

第十七条　农业部根据肥料登记评审委员会的综合评审意见，在评审结束后20日内作出是否颁发肥料临时登记证或正式登记证的决定。

肥料登记证使用《中华人民共和国农业部肥料审批专用章》。

第十八条　农业部对符合下列条件的产品直接审批、发放肥料临时登记证：

（一）有国家或行业标准，经检验质量合格的产品。

（二）经肥料登记评审委员会建议并由农业部认定的产品类型，申请登记资料齐全，经检验质量合格的产品。

第十九条　农业部根据具体情况决定召开肥料登记评审委员会全体会议。

第二十条　肥料商品名称的命名应规范，不得有误导作用。

第二十一条　肥料临时登记证有效期为一年。肥料临时登记证有效期满，需要继续生产、销售该产品的，应当在有效期满两个月前提出续展登记申请，符合条件的经农业部批准续展登记。续展有效期为一年。续展临时登记最多不能超过两次。

肥料正式登记证有效期为五年。肥料正式登记证有效期满，需要继续生产、销售该产品的，应当在有效期满6个月前提出续展登记申请，符合条件的经农业部批准续展登记。续展有效期为五年。

登记证有效期满没有提出续展登记申请的，视为自动撤销登记。登记证有效期满后提出续展登记申请的，应重新办理登记。

第二十二条　经登记的肥料产品，在登记有效期内改变使用范围、商品名称、企业名称的，应申请变更登记；改变成分、剂型的，应重新申请登记。

第四章　登记管理

第二十三条　肥料产品包装应有标签、说明书和产品质量检验合格证。标签和使用说明书应当使用中文，并符合下列要求：

（一）标明产品名称、生产企业名称和地址；

（二）标明肥料登记证号、产品标准号、有效成分名称和含量、净重、生产日期及质量保证期；

（三）标明产品适用作物、适用区域、使用方法和注意事项；

（四）产品名称和推荐适用作物、区域应与登记批准的一致；

禁止擅自修改经过登记批准的标签内容。

第二十四条　取得登记证的肥料产品，在登记有效期内证实对人、畜、作物有害，经肥料登记评审委员会审议，由农业部宣布限制使用或禁止使用。

第二十五条　农业行政主管部门应当按照规定对辖区内的肥料生产、经营和使用单位的肥料进行定期或不定期监督、检查，必要时按照规定抽取样品和索取有关资料，有关单位不得拒绝和隐瞒。对质量不合格的产品，要限期改进。对质量连续不合格的产品，肥料登记证有效期满后不予续展。

第二十六条　肥料登记受理和审批单位及有关人员应为生产者提供的资料和样品保守技术秘密。

第五章　罚　则

第二十七条　有下列情形之一的，由县级以上农业行政主管部门给予警告，并处违法所得 3 倍以下罚款，但最高不得超过 30 000 元；没有违法所得的，处 10 000 元以下罚款：

（一）生产、销售未取得登记证的肥料产品；

（二）假冒、伪造肥料登记证、登记证号的；

（三）生产、销售的肥料产品有效成分或含量与登记批准的内容不符的。

第二十八条　有下列情形之一的，由县级以上农业行政主管部门给予警告，并处违法所得 3 倍以下罚款，但最高不得超过 20 000 元；没有违法所得的，处 10 000 元以下罚款：

（一）转让肥料登记证或登记证号的；

（二）登记证有效期满未经批准续展登记而继续生产该肥料产品的；

（三）生产、销售包装上未附标签、标签残缺不清或者擅自修改标签内容的。

第二十九条　肥料登记管理工作人员滥用职权、玩忽职守、徇私舞弊、索贿受贿，构成犯罪的，依法追究刑事责任；尚不构成犯罪的，依法给予行政处分。

第六章　附　则

第三十条　生产者办理肥料登记，应按规定交纳登记费。

生产者进行田间试验和田间示范试验，应按规定提供有代表性的试验样品并支付试验费。试验样品须经法定质量检测机构检测确认样品有效成分及其含量与标明值相符,方可进行试验。

第三十一条 省、自治区、直辖市人民政府农业行政主管部门负责本行政区域内的复混肥、配方肥（不含叶面肥）、精制有机肥、床土调酸剂的登记审批、登记证发放和公告工作。省、自治区、直辖市人民政府农业行政主管部门不得越权审批登记。

省、自治区、直辖市人民政府农业行政主管部门参照本办法制定有关复混肥、配方肥（不含叶面肥）、精制有机肥、床土调酸剂的具体登记管理办法,并报农业部备案。

省、自治区、直辖市人民政府农业行政主管部门可委托所属的土肥机构承担本行政区域内的具体肥料登记工作。

第三十二条 省、自治区、直辖市人民政府农业行政主管部门批准登记的复混肥、配方肥（不含叶面肥）、精制有机肥、床土调酸剂,只能在本省销售使用。如要在其他省区销售使用的,须由生产者、销售者向销售使用地省级农业行政主管部门备案。

第三十三条 下列产品适用本办法:

（一）在生产、积造有机肥料过程中,添加的用于分解、熟化有机物的生物和化学制剂；

（二）来源于天然物质,经物理或生物发酵过程加工提炼的,具有特定效应的有机或有机无机混合制品,这种效应不仅包括土壤、环境及植物营养元素的供应,还包括对植物生长的促进使用。

第三十四条 下列产品不适用本办法:

（一）肥料和农药的混合物；

（二）农民自制自用的有机肥料。

第三十五条 本办法下列用语定义为:

（一）配方肥是指利用测土配方技术,根据不同作物的营养需要、土壤养分含量及供肥特点,以各种单质化肥为原料,有针对性地添加适量中、微量元素或特定有机肥料,采用掺混或造粒工艺加工而成的,具有很强的针对性和地域性的专用肥料。

（二）叶面肥是指施与植物叶片并能被其吸收利用的肥料。

（三）床土调酸剂是指在农作物育苗期,用于调节育苗床土酸度（或 pH 值）的制剂。

（四）微生物肥料是指应用于农业生产中,能够获得特定肥料效应的含有特定微生物活体的制品,这种效应不仅包括了土壤、环境及植物营养元素的供应，还包括了其所产生的代谢产物对植物的有益作用。

（五）有机肥料是指来源于植物和/或动物，经发酵、腐熟后，施与土壤以提供植物养分为其主要功效的含碳物料。

（六）精制有机肥是指经工厂化生产的，不含特定肥料效应微生物的，商品化的有机肥料。

（七）复混肥是指氮、磷、钾 3 种养分中，至少有 2 种养分标明量的肥料，由化学方法和/或物理加工制成。

（八）复合肥是指仅由化学方法制成的复混肥。

第三十六条　本办法所称"违法所得"是指违法生产、经营肥料的销售收入。

第三十七条　本办法由农业部负责解释。

第三十八条　本办法自发布之日起施行。农业部 1989 年发布、1997 年修订的《中华人民共和国农业部关于肥料、土壤调理剂及植物生长调节剂检验登记的暂行规定》同时废止。

附件 4　主要作物单位产量养分吸收量（见附表 4）

附表 4　主要作物单位产量养分吸收量

作　物	收获物	形成100kg经济产量所吸收的养分量（kg）		
		氮（N）	五氧化二磷（P_2O_5）	氧化钾（K_2O）
水稻	籽粒	2.25	1.10	2.70
冬小麦	籽粒	3.00	1.25	2.50
春小麦	籽粒	3.00	1.00	2.50
大麦	籽粒	2.70	0.90	2.20
玉米	籽粒	2.57	0.86	2.14
谷子	籽粒	2.50	1.25	1.75
高粱	籽粒	2.60	1.30	1.30
甘薯	鲜块根	0.35	0.18	0.55
马铃薯	鲜块根	0.50	0.20	1.06
大豆	豆粒	7.20	1.80	4.00
豌豆	豆粒	3.09	0.86	2.86
花生	荚果	6.80	1.30	3.80
棉花	籽棉	5.00	1.80	4.00
油菜	菜子	5.80	2.50	4.30
芝麻	籽粒	8.23	2.07	4.41
烟草	鲜叶	4.10	0.70	1.10
大麻	纤维	8.00	2.30	5.00
甜菜	块根	0.40	0.15	0.60
甘蔗	茎	0.19	0.07	0.30
黄瓜	果实	0.40	0.35	0.55
架芸豆	果实	0.81	0.23	0.68
茄子	果实	0.30	0.10	0.40
番茄	果实	0.45	0.50	0.50
胡萝卜	块根	0.31	0.10	0.50
萝卜	块根	0.60	0.31	0.50
甘蓝	叶球	0.41	0.05	0.38

(续表)

作 物	收获物	形成100kg经济产量所吸收的养分量（kg）		
		氮（N）	五氧化二磷（P_2O_5）	氧化钾（K_2O）
洋葱	葱头	0.27	0.12	0.23
芹菜	全株	0.16	0.08	0.42
菠菜	全株	0.36	0.18	0.52
大葱	全株	0.30	0.12	0.40
柑橘（温州蜜橘）	果实	0.60	0.11	0.40
苹果（国光）	果实	0.30	0.08	0.32
梨（廿世纪）	果实	0.47	0.23	0.48
柿（富有）	果实	0.59	0.14	0.54
葡萄（玫瑰露）	果实	0.60	0.30	0.72
桃（白凤）	果实	0.48	0.20	0.76

注：
1. 一般大田作物包括相应的茎、叶等营养器官的养分数量；
2. 块根、块茎、果实均为鲜重，子实为风干重；
3. 大豆、花生等豆科作物主要借助根瘤菌固定空气中的氮素，从土壤中吸收的氮素仅占1/3左右

资料来源《肥料手册》，北京农业大学《肥料手册》编写组，农业出版社

附件 5 主要作物养分含量表（见附表 5）

附表 5 主要作物养分含量表

作物名称	果实			茎叶		
	N%	P%	K%	N%	P%	K%
水稻	1.212	0.300	0.370	0.773	0.130	1.804
玉米	1.465	0.317	0.528	0.748	0.412	1.266
小麦	2.160	0.370	0.425	0.565	0.067	1.280
棉花	3.920	0.628	0.921	1.167	0.245	1.731
油菜	3.966	0.679	1.236	0.782	0.149	1.506
大豆	6.272	0.636	1.713	1.289	0.173	1.287
花生	4.182	0.305	0.723	1.343	0.127	0.841
豌豆	4.377	0.410	1.100	1.400	0.153	0.415
大麦	2.016	0.287	0.838	0.479	0.103	1.099
高粱	1.326	0.385	0.397	0.436	0.170	1.206
谷子	1.456	0.267	0.592	0.595	0.068	1.718
荞麦	1.100	0.180	0.230	0.850	0.310	1.810
蚕豆	3.959	0.534	1.100	4.160	0.100	1.102
红豆	5.850	1.450	2.500	1.195	0.810	0.495
红薯	0.671	0.264	0.596	1.453	0.296	1.333
马铃薯	1.167	0.181	1.259	0.987	0.086	0.668
芝麻	3.028	0.668	0.502	0.386	0.107	2.107
烤烟	2.634	0.184	1.849	1.626	0.286	2.714
甘蔗	0.221	0.048	0.295	0.061	0.081	0.470

附件6 主要有机肥养分含量表（见附表6）

附表6 主要有机肥养分含量表

代码	名称	风干基			鲜基		
		N%	P%	K%	N%	P%	K%
A	粪尿类	4.689	0.802	3.011	0.605	0.175	0.411
A01	人粪尿	9.973	1.421	2.794	0.643	0.106	0.187
A02	人粪	6.357	1.239	1.482	1.159	0.261	0.304
A03	人尿	24.591	1.609	5.819	0.526	0.038	0.136
A04	猪粪	2.090	0.817	1.082	0.547	0.245	0.294
A05	猪尿	12.126	1.522	10.679	0.166	0.022	0.157
A06	猪粪尿	3.773	1.095	2.495	0.238	0.074	0.171
A07	马粪	1.347	0.434	1.247	0.437	0.134	0.381
A09	马粪尿	2.552	0.419	2.815	0.378	0.077	0.573
A10	牛粪	1.560	0.382	0.898	0.383	0.095	0.231
A11	牛尿	10.300	0.640	18.871	0.501	0.017	0.906
A12	牛粪尿	2.462	0.563	2.888	0.351	0.082	0.421
A19	羊粪	2.317	0.457	1.284	1.014	0.216	0.532
A22	兔粪	2.115	0.675	1.710	0.874	0.297	0.653
A24	鸡粪	2.137	0.879	1.525	1.032	0.413	0.717
A25	鸭粪	1.642	0.787	1.259	0.714	0.364	0.547
A26	鹅粪	1.599	0.609	1.651	0.536	0.215	0.517
A28	蚕沙	2.331	0.302	1.894	1.184	0.154	0.974
B	堆沤肥类	0.925	0.316	1.278	0.429	0.137	0.487
B01	堆肥	0.636	0.216	1.048	0.347	0.111	0.399
B02	沤肥	0.635	0.250	1.466	0.296	0.121	0.191
B04	卤肥	0.386	0.186	2.007	0.230	0.098	0.772
B05	猪圈粪	0.958	0.443	0.950	0.376	0.155	0.298
B06	马厩肥	1.070	0.321	1.163	0.454	0.137	0.505
B07	牛栏粪	1.299	0.325	1.820	0.500	0.131	0.720
B10	羊圈粪	1.262	0.270	1.333	0.782	0.154	0.740
B16	土粪	0.375	0.201	1.339	0.146	0.120	0.083
C	秸秆类	1.051	0.141	1.482	0.347	0.046	0.539
C01	水稻秸秆	0.826	0.119	1.708	0.302	0.044	0.663

(续表)

代码	名称	风干基			鲜基		
		N%	P%	K%	N%	P%	K%
C02	小麦秸秆	0.617	0.071	1.017	0.314	0.040	0.653
C03	大麦秸秆	0.509	0.076	1.268	0.157	0.038	0.546
C04	玉米秸秆	0.869	0.133	1.112	0.298	0.043	0.384
C06	大豆秸秆	1.633	0.170	1.056	0.577	0.063	0.368
C07	油菜秸秆	0.816	0.140	1.857	0.266	0.039	0.607
C08	花生秸秆	1.658	0.149	0.990	0.572	0.056	0.357
C12	马铃薯藤	2.403	0.247	3.581	0.310	0.032	0.461
C13	甘薯藤	2.131	0.256	2.750	0.350	0.045	0.484
C14	烟草秆	1.295	0.151	1.656	0.368	0.038	0.453
C27	胡豆秆	2.215	0.204	1.466	0.482	0.051	0.303
C29	甘蔗茎叶	1.001	0.128	1.005	0.359	0.046	0.374
D	绿肥类	2.417	0.274	2.083	0.524	0.057	0.434
D01	紫云英	3.085	0.301	2.065	0.391	0.042	0.269
D02	苕子	3.047	0.289	2.141	0.632	0.061	0.438
D05	草木樨	1.375	0.144	1.134	0.260	0.036	0.440
D06	豌豆	2.470	0.241	1.719	0.614	0.059	0.428
D07	箭舌豌豆	1.846	0.187	1.285	0.652	0.070	0.478
D08	蚕豆	2.392	0.270	1.419	0.473	0.048	0.305
D09	萝卜菜	2.233	0.347	2.463	0.366	0.055	0.414
D17	紫穗槐	2.706	0.269	1.271	0.903	0.090	0.457
D18	三叶草	2.836	0.293	2.544	0.643	0.059	0.589
D22	满江红	2.901	0.359	2.287	0.233	0.029	0.175
D23	水花生	2.505	0.289	5.010	0.342	0.041	0.713
D25	水葫芦	2.301	0.430	3.862	0.214	0.037	0.365
D26	紫茎泽兰	1.541	0.248	2.316	0.390	0.063	0.581
D28	篙枝	2.522	0.315	3.042	0.644	0.094	0.809
D32	黄荆	2.558	0.301	1.686	0.878	0.099	0.576
D33	马桑	1.896	0.190	0.839	0.653	0.066	0.284
D45	山青	2.334	0.268	1.858			
D49	茅草	0.749	0.109	0.755	0.385	0.054	0.381

(续表)

代码	名　称	风干基			鲜　基		
		N%	P%	K%	N%	P%	K%
D52	松毛	0.924	0.094	0.448	0.407	0.042	0.195
E	杂肥类	0.761	0.540	3.737	0.253	0.433	2.427
E02	泥肥	0.239	0.247	1.620	0.183	0.102	1.530
E03	肥土	0.555	0.142	1.433	0.207	0.099	0.836
F	饼肥	0.428	0.519	0.828	2.946	0.459	0.677
F01	豆饼	6.684	0.440	1.186	4.838	0.521	1.338
F02	菜籽饼	5.250	0.799	1.042	5.195	0.853	1.116
F03	花生饼	6.915	0.547	0.962	4.123	0.367	0.801
F05	芝麻饼	5.079	0.731	0.564	4.969	1.043	0.778
F06	茶籽饼	2.926	0.488	1.216	1.225	0.200	0.845
F09	棉籽饼	4.293	0.541	0.760	5.514	0.967	1.243
F18	酒渣	2.867	0.330	0.350	0.714	0.090	0.104
F32	木薯渣	0.475	0.054	0.247	0.106	0.011	0.051
G	海肥类	2.513	0.579	1.528	1.178	0.332	0.399
H	农用废渣液	0.882	0.348	1.135	0.317	0.173	0.788
H01	城市垃圾	0.319	0.175	1.344	0.275	0.117	1.072
I	腐殖酸类	0.956	0.231	1.104	0.438	0.105	0.609
I01	褐煤	0.876	0.138	0.950	0.366	0.040	0.514
J	沼气肥	6.231	1.167	4.455	0.283	0.113	0.136
J01	沼渣	12.924	1.828	9.886	0.109	0.019	0.088
J02	沼液	1.866	0.755	0.835	0.499	0.216	0.203

注：据全国有机肥品质调查汇总得出，供计算有机肥养分折纯量参考

附件 7 化学肥料性质与特点（见附表 7-1～7-5）

附表 7-1 化学肥料性质与特点——氮肥

肥料名称	含氮量（%）	性质	施用特点
尿素	44～46	白色或淡黄色针状结晶。一般加防湿剂制成小米状颗粒。易吸湿空气中水汽，也易溶解于水。溶解过程强烈吸热。为酰胺态氮。施入土壤后会被微生物转化成碳酸铵或碳酸氢铵	适于各种土壤和作物。由于开始施入后土壤吸附较少，应避免大雨前施入。在稻田施用后要停水 3～5 天，待尿素转变为碳酸铵或碳酸氢铵，被土壤吸附后在灌水。要采取"少量多餐"的措施。做种肥时，用量要少，施得要匀，最好使种子与肥料保持 2～3cm 距离。适于作根外追肥。根外追肥的浓度是：稻、麦等禾谷类作物 1.5%～2%，蔬菜 1.0%，果树 0.5%
硝酸铵	32～35	白色结晶、有吸湿性及爆炸性。易溶于水，溶解过程强烈吸热。应保存于干燥阴凉处，避免麸糠、煤油等有机杂质混入。结块时应轻轻敲碎	适于各种作物。所含硝态氮不能被土壤胶体吸附，容易流失，因此，不宜在水稻田使用，也不宜在大雨或灌溉前施用，防止随水流失宜作追肥，也要采取"少量多餐"的措施。在石灰性、碱性土壤施用，要深施盖土。不要与碱性物质混合。要用一袋开一袋如一袋未用完，应放在筒或缸内加盖防潮
氯化铵	24～25	白色或淡黄色结晶。化学中性，生理酸性。性质稳定。吸湿性小	基本同硫铵。不宜在盐碱地施用。不宜用于烟草、甘薯、马铃薯、葡萄等忌氯作物
碳酸氢铵	17	白色、灰白色或褐色结晶或细粒。有刺鼻的氨臭。高温高湿时极易分解挥发，溶于水后较稳定。有吸湿性。溶解性差	要保存在低温、干燥的地方，不让风吹日晒。不要与种子同库。一般作基肥。旱地可结合犁地深施；水田在最后一次耙田时撒施。作种肥应在播种行旁开沟条施或穴施，施后立即盖土。作追肥也要开沟，或挖穴深施。施用时不要把肥料撒到茎叶上。也可结合灌水，随水流送
氨水	15～17	液体，纯者无色，有时因含杂质而呈黑色或黄绿色。强碱性，极易挥发。对铜、铝制品有腐蚀性。溶入大量水或用土吸收后挥发性减弱	贮存时要防挥发、防渗漏、防腐蚀。贮存的容器没有裂缝，里面最好再涂一层沥青，装上氨水的要密封起来

附表 7-2　化学肥料性质与特点——磷肥

肥料名称	含磷量（%）	性　质	施　用　特　点
过磷酸钙	14～20	灰白色或黑色粉末，稍有酸味。酸性。在石灰性土壤上易与钙化合成不溶性钙盐。有效成分以水溶性为主	不宜与碱性肥料混合贮存。适于各种土壤和各种作物。在酸性土壤上要先施石灰，6～7天后再施用。为了防止土壤固定，可与少量有机肥混合施用。一般用作基肥、种肥集中条施。如来不及作基肥、种肥，应及早追施。用1%～2%浓度的溶液对小麦、玉米、棉花、果树等叶面喷施，有良好效果
钙镁磷肥	16	灰褐色或绿色粉末。碱性。有效成分为柠檬酸溶性的。不吸湿，易保存，运输方便	肥效较慢。宜作基肥，不宜作追肥。最好与堆肥混合堆沤施用。深施在作物根系分布最多的土层效果较好。适宜于酸性土壤。在石灰性土壤上效果略低于过磷酸钙
脱氟磷肥	25～30	灰白色或灰黑色的颗粒或粉末。不易吸水，无腐蚀性。所含磷素大部分为柠檬酸溶性的	同钙镁磷肥

附表 7-3　化学肥料性质与特点——钾肥

肥料名称	含钾量（%）	性　质	施　用　特　点
硫酸钾	48～52	白色结晶，易溶于水吸湿性很小，贮存时不结块。化学中性，生理酸性	可做基肥、种肥、追肥。钾素一般可被土壤吸附，不会流失，但在保肥能力差的砂土上也要采取"少量多餐"的措施。应首先用在甜菜、马铃薯、红薯等喜钾作物上。在酸性土壤施用应注意施石灰
氯化钾	50～60	白色结晶，工业产品略带黄色。化学中性，生理酸性。易溶于水，吸湿性小	作基肥、追肥均可。对土壤酸化程度较硫酸钾为重，酸性土上要注意施石灰。除对烟草、薯类等忌氯作物不宜施外，其他作物均可施用

附表 7-4 化学肥料性质与特点——复合肥料

肥料名称	养分含量			性 质	施 用 特 点
	氮	磷	钾		
磷酸一铵（安福粉）	11~12	56	—	一般灰色，多制成粒状。无腐蚀性，溶解性差	所含养分以磷为主。可用作基肥或种肥。作种肥可与种子混在一起，不会烧苗。由于磷多氮少，要注意补施氮肥，用量可比过磷酸钙少1/3~1/2
磷酸二铵（重安福粉）	20~21	46~53	—		
硝酸钾	13~15		45~46	白色结晶。易溶解，有吸湿性。化学反应与生理反应均属中性	肥效快，可做种肥、追肥。在缺钾的砂质土及漏肥土上，要采用"少量多餐"的措施

附表 7-5 化学肥料性质与特点——微量元素肥料

肥料种类	缺肥土壤	缺肥症状	施肥方法
硼肥 硼酸（17.5%） 硼砂（11.3%） 硼镁肥（1.4%） 硼泥（1%）	石灰性土壤，地下水位高的沙滩地、多雨地区的酸性土壤	小麦穗子空瘪，棉花不结铃，油菜"花而不实"，豆类根部结瘤差。果实小枝生长点死亡，果树表面有黑色斑块，落果严重	1. 浸种、拌种：浸种用0.01%~0.02%硼砂溶液浸5小时。拌种浓度稍大。2. 喷施：用0.02%~0.1%溶液。小麦孕穗期、油菜薹花期、棉花蕾期、果树盛花期喷1~3次。3. 根施：大田每亩用硼砂0.5~0.75kg，果树0.4~0.6kg/株，结合深翻施下
锰肥 硫酸锰（27%） 氯化锰（17%） 钢铁厂炉渣（1%~5%）	黄土母质上发育的土壤，轻质石灰性土壤	苹果、柑橘、桃、葡萄、番茄易发病。主要表现为幼嫩叶片叶脉间失绿，从叶缘起向中间发展，严重时叶尖变枯	1. 豆科作物和磷肥配合，非豆科作物和氮、磷配合效果好。2. 与酸性化肥混施以减少固定。3. 根施每亩硫酸锰1kg。拌种4~8g/kg种。浸种、喷施以0.1%为宜，浸种12小时，喷施加尿素有助叶片吸收，时间在花期前
钼肥 钼酸铵（54%）	黄土母质上发育的土壤，轻质石灰性土壤，冲积砂土	豆科作物结瘤不良，固氮作用减弱；番茄叶片变浅，叶缘上卷；甜菜叶色变白	1. 豆科、十字花科作物施钼肥效果极显著。2. 处理种子：0.1%溶液浸种12小时。每千克种用2g拌种。3. 喷施：浓度0.01%~0.1%，苗期与花期都喷效果好

(续表)

肥料种类	缺肥土壤	缺肥症状	施肥方法
锌肥 硫酸锌 (23%) 氯化锌 (48%)	石灰性土壤 新平整的生土地，砂质冲积土，磷素丰富的土壤	玉米幼苗呈白色苗期叶脉间失绿，呈黄白条带状，后期果穗小、缺粒秃尖。烟草叶缘现黄白病斑，叶变小。辣椒叶脉及时缘变黄白、苹果、梨叶变小、色不匀、节间缩短。桃叶变小、变细，叶色暗	1. 根施：每亩 0.75～1.5kg，与酸性肥料混合深施。勿与磷肥混施。2. 处理种子：用 0.02%～0.05%溶液浸种，每千克种子用 2～6g 拌种。3. 喷施：用 0.1%～0.5%溶液，加少量熟石灰可避免药害，可与杀虫剂合喷
铜肥 硫酸铜 (26%) 炼铜矿渣	含大量有机质的沼泽化土壤和泥炭土	谷类穗芒发育不全，有时大量分蘖不抽穗。洋葱鳞片变薄。番茄卷时、不开花	用 0.02%～0.05%硫酸铜溶液喷施或浸种

注：括弧内为肥料元素的含量

附件8 主要肥料能否混合施用查对表（见附表8）

附表8 主要肥料能否混合施用查对表

	硫酸铵	氯化铵	碳酸氢铵	氨水	硝酸铵	硝酸钙	硝酸铵钙	硫硝酸铵	尿素	石灰氮	过磷酸钙	重过磷酸钙	钙镁磷肥	沉淀磷酸钙	钢渣磷肥	磷矿粉、骨粉	磷酸铵	硫酸钾	氯化钾	草木灰	人畜粪尿	肥堆圈肥
氯化铵	1																					
碳酸氢铵	1	1																				
氨水	1	1	1																			
硝酸铵	1	3	1	1																		
硝酸钙	3	3	3	3	3																	
硝酸铵钙	1	3	3	3	1	1																
硫硝酸铵	2	1	1	1	2	3	1															
尿素	1	1	1	1	1	3	1	3														
石灰氮	3	3	3	3	3	1	3	3	3													
过磷酸钙	2	2	2	2	1	3	3	1	1	3												
重过磷酸钙	2	2	2	2	1	3	3	1	1	3												
钙镁磷肥	3	3	3	3	3	3	3	3	3	3												
沉淀磷酸钙	2	2	1	1	1	3	1	1	1	3	1	1	3									
钢渣磷肥	3	3	3	3	3	3	3	2	3	3	1	1										
磷矿粉、骨粉	1	1	1	1	1	1	1	1	2	2	3	2	1	2								
磷酸铵	1	1	1	1	1	3	1	3	2	2	2	2	3	3								
硫酸钾	2	2	1	1	1	2	2	2	1	2	2	2	2	2	1							
氯化钾	2	2	1	1	2	3	1	1	1	2	2	3	2	1	1	3	2					
草木灰	3	3	3	3	1	1	3	3	1	1	3	1	1	2	2	3	2	2				
人粪尿	2	2	3	3	3	3	1	1	3	2	2	2	2	2	2	2	2	2	3			
堆肥、圈肥	2	2	3	3	2	3	1	1	3	2	2	2	2	3	2	1	2	2	3	2		
石灰	3	3	3	3	1	3	3	2	3	2	3	2	2	3	2	2	3	3	3	3	3	3

注：1 表示可以混合施用；2 表示混合后立即施用；3 表示不能混合施用

附件 9

常用化肥特性及施用技术要点歌

铵态氮肥

铵态氮肥较常用，主要特性水能溶；
铵根离子带阳电，阴电土粒相互拥。
硝化作用变硝氮，提高氮肥有效性；
与碱混合铵变氨，氨气挥发不肥田。

①碳酸氢铵

碳酸氢铵偏碱性，施入土壤变为中。
含氮十六至十七，各种作物都适宜。
高温高湿易分解，施用千万要深埋。
牢记莫混钙镁磷，还有草灰人尿粪。

②硫酸铵

硫铵俗称肥田粉，氮肥以它作标准。
含氮高达二十一，各种作物都适宜。
生理酸性较典型，最适土壤偏碱性。
混合普钙变一铵，氮磷互补增效应。

③氯化铵

氯化铵、生理酸，含量二十五个氮；
施用千万莫混碱，用于种肥出苗难。
牢记红薯马铃薯，烟叶甜菜都忌氯。
重用棉花和水稻，掺和尿素肥效高。

硝态氮肥

硝态氮肥问世早，用作追肥肥效高。
主要养分为氮素，钠钙离子也起效。
硝根离子带阴电，土壤胶粒吸附难。
但易水溶肥效快，吸湿性强易爆燃。

①硝酸钠

智利硝石硝酸钠，多在旱地施用它。
最适作物为甜菜，还有萝卜和亚麻。
含氮较低为十五，也适其他农作物。
生理反应呈碱性，盐碱水地不要用。

②硝酸钙

挪威硝石硝酸钙，常温之下不分解。
含氮十四生理碱，易溶于水呈弱酸。
各类土壤都适用，最好施于缺钙田。
最适作物马铃薯，甜菜大麦和稻谷。

铵态、硝态氮肥

铵态硝态为一体，称为铵态硝态肥。
典型代表为硝铵，氮肥家族谓骨干。
硫硝酸铵新型肥，含量可达二十七。
硝酸铵钙有前途，能够中和酸碱度。

①硝酸铵

硝酸铵、生理酸，内含三十四个氮。
铵态硝态各一半，吸湿性强易爆燃。
施用最好作追肥，不施水田不混碱。
掺和钾肥氯化钾，理化性质大改观。

②硫硝酸铵

硫硝酸铵为复盐，易溶于水呈弱酸。
含氮可达二十七，铵氮硝氮三比一。
只因含有铵态氮，千万莫混碱性肥。
适应各种农作物，用作追肥最适宜。

③硝酸铵钙

硝酸铵钙为复盐，又名石灰硝酸铵。
由于含有碳酸钙，减轻结块和爆燃。
一般含氮二十二，易溶于水呈弱碱。
铵氮硝氮各一半，混施普钙肥效减。

酰胺、氰氨态氮肥

酰胺氮肥如尿素，没有离子能吸附。
脲酶作用变碳铵，然后浇水肥效速。
氰铵氮肥石灰氮，入土变为氰氨盐。
接着转化为尿素，再变碳铵需七天。

①尿素

尿素性平呈中性，各类土壤都适用。
含氮高达四十六，根外追肥称英雄。
施入土壤变碳铵，然后才能大水灌。

千万牢记要深施，提前施用最关键。

石灰氮，有毒性，杀虫灭菌有作用。
掺土堆沤变尿素，黑色粉末质地轻。
含氮二十性偏碱，莫混普钙铵态氮。
接触皮肤要冲洗，莫施十字花科地。

液态氮肥氮溶液，氨水液氨为液体。
目前虽说用量少，发展前景大无比。
原因设备较简单，便于生产成本低。
施肥易于机械化，廉价省工又省力。

用水吸收合成氨，生成氨水性为碱。
腐蚀性强能杀虫，储运密封保安全。
施用得当似硫铵，随水灌溉较方便，
无论水田及旱地，强调深埋是关键。

液氨来自气体氨，加压降温成液氨。
沸点很低性为碱，遇氯溴碘易爆燃。
施入土壤吸附快，关键作到要深埋。
储运要求用钢瓶，不戴罩帽不能用。

几种氮肥溶于水，直接生成氮溶液。
挥发性小性偏碱，加入磷钾成复肥。
储运施用都方便，发展前景很可观。
施用方法似氨水，牢记深埋是一环。

微量元素硼和锰，还有锌钼铁氯铜。
这些元素虽说少，所起作用可不小。
一能促进氮代谢，使其合成高蛋白。
二使作物能固氮，还能参与磷代谢。
微量元素性不同，施用各有各的用。
要想使其显奇功，请看下面的特性。

常用硼肥有硼酸，硼砂已经用多年。
硼酸弱酸带光泽，三斜晶体粉末白；
有效成分近十八，热水能够溶解它。
四硼酸钠称硼砂，干燥空气易风化；
含硼十一性偏碱，适应各类酸性田。
作物缺硼植株小，叶片厚皱色绿暗。
棉花缺硼蕾不花，多数作物花不全。
增施硼肥能增产，关键还需巧诊断。
麦棉烟麻苜蓿薯，甜菜油菜及果树；
这些作物都需硼，用作喷洒浸拌种。
浸种浓度掌握稀，万分之一就可以。
叶面喷洒作追肥，浓度万分三至七。
硼肥拌种经常用，千克种子一克肥。
用于基肥农肥混，每亩莫过一千克。

常用钼肥钼酸铵，五十四钼六个氮。
粒状结晶易溶水，也溶强碱及强酸。
太阳暴晒易风化，失去晶水以及氨。
作物缺钼叶失绿，首先表现叶脉间。
豆科作物叶变黄，番茄叶边向上卷。
柑橘失绿黄斑状，小麦成熟要迟延。
最适豆科十字科，小麦玉米也喜欢。
不适葱韭等蔬菜，用作基肥混普钙。
每亩只需用二两，严防施用超剂量。
经常用于浸拌种，根外喷洒最适应。
浸种浓度千分一，根外追肥也适宜。
拌种公斤需四克，对水因种各有异。
还有钼肥钼酸钠，含钼有达三十八。
白色晶体易溶水，酸地施用加石灰。

常用锰肥硫酸锰，结晶白色或淡红。
含锰二六至二八，易溶于水易风化。
作物缺锰叶肉黄，出现病斑烧焦状。
严重全叶都失绿，叶脉仍绿特性强。

对照病态巧诊断，科学施用是关键。
一般亩施三千克，生理酸性农肥混。
拌种公斤用八克，二十克重用甜菜。
浸种叶喷浓度同，千分之一就可用。
另有氯锰含十七，碳酸锰含三十一。
氯化锰含六十八，基肥常用锰废渣。
对锰敏感作物多，甜菜麦类及豆科；
玉米谷子马铃薯，葡萄花生桃苹果。

常用锌肥硫酸锌，按照剂型有区分：
一种七水化合物，白色颗粒或白粉。
含锌稳定二十三，易溶于水为弱酸。
二种含锌三十六，菱状结晶性有毒。
最适土壤石灰性，还有酸性砂质土。
适应玉米和甜菜，稻麻棉豆和果树。
是否缺锌要诊断，酌情增锌能增产。
玉米对锌最敏感，缺锌叶白穗秃尖。
小麦缺锌叶缘白，主脉两侧条状斑。
果树缺锌幼叶小，缺绿斑点连成片。
水稻缺锌草丛状，植株矮小生长慢。
亩施莫超两千克，混合农肥生理酸。
遇磷生成磷酸锌，不易溶水肥效减。
玉米常用根外喷，浓度一定要定真。
若喷百分零点五，外添一半石灰熟。
这个浓度经常用，还可用来喷果树。
其他作物千分三，连喷三次效明显。
拌种千克四克肥，浸种一克就可以。
另有锌肥氯化锌，白色粉末氧化锌。
含锌较高四十八，制造电池常用它。
还有锌肥氧化锌，又叫锌白氧化锌。
含锌高达七十八，不溶于水和乙醇。
百分之一悬浊液，可用秧苗来蘸根。
能溶醋酸碳酸铵，制造橡胶可充填。
医药可用作软膏，油漆可用作颜料。
最好锌肥螯合态，易溶于水肥效高。

常用铁肥有黑矾，又名亚铁色绿蓝。
含铁十九硫十二，易溶于水性为酸。
南方稻田多缺硫，施用一季壮一年。
北方土壤多缺铁，直接施地肥效减；
应混农肥人粪尿，用于果树大增产；
施用黑矾五千克，二百千克农肥掺；
集中施于树根下，增产效果更可观；
为免土壤来固定，最好根外追肥用；
亩需黑矾二百克，对水一百千克整；
时间掌握出叶芽，连喷三次效果明；
也可树干钻小孔，株塞两克入孔中；
还可针注果树干，浓度百分零点三。
作物缺铁叶失绿，增施黑矾肥效速。
最适作物有玉米，高粱花生大豆蔬。

目前铜肥有多种，溶水只有硫酸铜。
五水含铜二十五，蓝色结晶有毒性。
应用铜肥有技术，科学诊断看苗情。
作物缺铜叶尖白，叶缘多呈黄灰色。
果树缺铜顶叶簇，上部顶梢多死枯。
认准缺铜才能用，多用基肥浸拌种。
基肥亩施一千克，可掺十倍细土混。
重施石灰砂壤土，土壤肥沃富钾磷；
麦麻玉米及莴苣，洋葱菠菜果树敏。
浸种用水十千克，对肥零点两克准。
外加五克氢氧钙，以免作物受毒害。
根外喷洒浓度大，氢氧化钙加百克。
掺拌种子一千克，仅需铜肥为一克。
硫酸铜加氧化钙，波尔多液防病害。
常用浓度百分一，掌握等量五百克。
铜肥减半用苹果，小麦柿树和白菜。
石灰减半用葡萄，番茄瓜类及辣椒。
由于铜肥有毒性，浓度宁稀不要浓。
（来源：农业部测土配方施肥办公室）

附件 10

农作物缺素症诊断方法口诀

作物营养要平衡，营养失衡把病生，病症发生早诊断，准确判断好矫正。
缺素判断并不难，根茎叶花细观察，简单介绍供参考，结合测土很重要。
缺氮抑制苗生长，老叶先黄新叶薄，根小茎细多木质，花迟果落不正常。
缺磷株小分蘖少，新叶暗绿老叶紫，主根软弱侧根稀，花少果迟籽粒小。
缺钾株矮生长慢，老叶尖缘卷枯焦，根系易烂茎纤细，种果畸形不饱满。
缺锌节短株矮小，新叶黄白肉变薄，棉花叶缘上翘起，桃梨小叶或簇叶。
缺硼顶叶绉缩卷，腋芽丛生花蕾落，块根空心根尖死，花而不实最典型。
缺钼株矮幼叶黄，老叶肉厚卷下方，豆类枝稀根瘤少，小麦迟迟不灌浆。
缺锰失绿株变形，幼叶黄白褐斑生，茎弱黄老多木质，花果稀少重量轻。
缺钙未老株先衰，幼叶边黄卷枯粘，根尖细脆腐烂死，茄果烂脐株萎蔫。
缺镁后期植株黄，老叶脉间变褐亡，花色苍白受抑制，根茎生长不正常。
缺硫幼叶先变黄，叶尖焦枯茎基红，根系暗褐白根少，成熟迟缓结实稀。
缺铁失绿先顶端，果树林木最严重，幼叶脉间先黄化，全叶变白难矫正。
缺铜变形株发黄，禾谷叶黄幼尖蔫，根茎不良树冒胶，谷难抽穗芒不全。

主要参考文献

[1]《植物营养失调症彩色图谱——诊断与施肥》陆景陵,陈伦寿编著.中国农业科学技术出版社,2009.9.

[2]《果树施肥手册》劳秀荣主编.中国农业出版社,2008.10.

[3]《果园测土配方施肥技术》劳秀荣,杨守祥,韩燕来主编.中国农业出版社.农村读物出版社,2007.11.

[4]《科学施肥必读》陆景陵,陈伦寿,曹一平编著.中国林业出版社,2007.11.

[5]《测土配方施肥技术问答》农业部种植业管理司,全国农业技术推广中心编著.中国农业出版社,2005.8.

[6]《化肥科学使用指南》褚天铎等编著.金盾出版社,2002.6.

[7]《化肥使用指南》吴玉光,刘立新,黄德明编著.中国农业出版社,2000.9.